經營顧問叢書 ㉕③

銷售部門績效考核量化指標

張洛城　秦海峰 編著

憲業企管顧問有限公司　發行

《銷售部門績效考核量化指標》

序　言

對於一個少則十幾個、多則幾十個甚至上百個部門的企業來說，考核工作確實是一項艱巨的工作。

本書作爲專業的管理實務機構，奉行「細化」的理念，將複雜的問題簡單化，將抽象的理論實務化，結合具體工作內容，提供具體解決方案，幫助企業工作人員高效解決問題，快速執行工作。

作者深刻體會到，**績效考核一直以來被認為是困擾企業發展的大難題，要解決這難題，最好的辦法莫過於考核指標數量化。**

作者多次進行績效考核數量化的設計與實踐，積累總結了大量的企業工具和方案，這些工具和方案可以爲其他企業的績效考核提供一定的借鑑。

《銷售部門績效考核量化指標》就是完全針對銷售部各部門工作人員績效考核工作的數量化管理，並全面解決銷售部門的難題，本書是銷售人員績效量化考核的具體工具書。讀者可根據企業實際情況的基礎上，參照進行績效考核設計，也是銷售類企業和從事銷售管理類工作的人員必備的實務參考書。

2011 年 1 月

《銷售部門績效考核量化指標》

目　錄

第一章　銷售部門的績效考核流程 / 6

第二章　銷售部門的績效指標範例 / 58

第三章　關鍵績效考核(KPI)指標 / 80

第四章　銷售部門職位說明書 / 89

第一章

銷售部門的績效考核流程

1 銷售部門的工作分析

一、銷售部門工作分析的程序

工作分析是對組織中如營銷經理等具體職務的工作內容和職務規範(即任職資格)的描述與研究過程，即制定職務說明和職務規範的系統過程。

1. 準備階段

它是職位分析的第一階段，主要任務是對職位分析進行全面的設計，包括確定工作分析的組織、樣本、規範以及建立關係等工作，具體工作如下。

(1)制定職位分析計劃，明確職位分析的目的。

⑵讓企業瞭解工作分析的意義、目的、方法、步驟。

⑶向涉及工作分析的工作人員(如人力資源部工作人員等)及參與工作分析的崗位代表宣傳、解釋工作分析的作用、意義。

⑷和與工作分析有關係的員工建立良好的人際關係，並使之有足夠的配合度。

⑸組成工作小組，分工負責與協作，制定工作進度表。

⑹確定調查和分析對象的樣本，同時考慮樣本的代表性，其代表體現在縱橫關係上。以銷售經理爲例，一方面，企業內部對銷售經理的工作內涵比較瞭解，易發表意見；另一方面，幾乎每個競爭者都有相同的職位，那麼通過縱橫兩方面衡量、比較，就易確定該銷售經理在企業內工作分析的具體參數。

⑺確定工作難度係數。工作難度的係數要根據該職位的公司職位、以往業績與目標資料、外界變革情形等動靜態因素而定。同樣以銷售經理爲例。假如在一家傳統的化工行業，難度係數就較低，該職位可能從企業成立伊始就有，積累了很多原始資料(如崗位職責、業績考核、技能要求等)，且同行很多，易找到有價值的相關資料作分析。

2.調查階段

它是職位分析的第二個階段，主要任務是對整個工作流程、工作環境、工作內容和任職人員等的主要方面進行全面調查的過程。具體任務包括：

⑴各種調查問卷和提綱。

⑵根據具體的對象進行調查，如面談、觀察、參與、實驗等，比較方便的是通過電腦問卷。

⑶收集有關工作的特徵及需要的各種數據，如規章制度、員工對該崗位的認識等。

⑷重點收集被調查員工對各種工作特徵的重要性及發生頻率等的看法，作出等級評定。如對某賓館的工作進行分析，首先讓所有參加者按其個人理解提出勝任工作的要素，可能有幾十項，如年齡、相貌、態度……在此基礎上按比較一致的要求列出來，再在此基礎上分別給以一定的權數，如服務員年齡佔第一位、相貌次之、態度再次之……

3.分析階段

它是職位分析的第三個階段，主要任務是對調查收集的整個工作的特徵與任職人的特徵結果進行認真分析。包括以下幾點：

⑴仔細審核已收到的各種資訊。

⑵創造性地分析、發現有關工作和工作人員的關鍵成分。仍以銷售經理爲例。有些企業認爲銷售經理的主要工作是「推」與「銷」，有些企業想到了市場的策劃、定位、細分與售後服務，更有些企業想到了銷售經理應注重企業文化的對外傳遞、品牌的附加值、創造和挖掘客戶的潛在渴求……對銷售經理的「定位」不同，其關鍵成分就大相徑庭。

⑶歸納、總結出工作分析的必須材料和要素。在調查的基礎上已經有了很多數據，對每個數據所佔的百分比及重要校數進行排列，就得出兩個數據，一是評價工作的要素，二是各要素所佔的權數(如年齡佔 15%、相貌佔 13%、態度佔 25%……)。

4.完成階段

工作分析結果通常爲每個工作的職位說明書。當結果形成一定階段後，需要對收集的資訊進一步審查和確認，進而形成職位說明書。這一階段主要完成的工作有：與有關人員共同審查和確認工作資訊，形成職位說明書。

二、銷售部門工作分析的方法

對銷售部門進行分析時常用的方法有以下幾種。

銷售部門績效考核方法選擇表

績效考核方法	方法說明
面談法	面談法是指通過與任職者(即員工)進行面對面的交談而收集工作資訊的一種方法。運用面談法時應意識到談話者之間的坦誠與信任，談話者之間必須密切配合才能找出最瞭解工作內容和最能客觀描述自己職責的人員。面談結束後，要將收集到的資訊資料請任職者(即營銷經理)及其主管(營銷總監)流覽核對，並有針對性地作出適度的修改與補充。 麥考米克提出了面談法的一些標準，它們是： ⑴提出的問題要和職位分析的目的有關。 ⑵分析人員語言表達要清楚，含義準確。 ⑶問題必須清晰、明確，不能太含蓄。 ⑷問題和談話的內容不能超出被談話人的知識和資訊範圍。 ⑸問題和談話的內容不能引起被談話人的不滿，不要涉及被談話人的隱私。

續表

問卷法	問卷法是讓有關人員以書面形式回答營銷經理職位問題的調查方法，問卷的內容是由工作分析人員編制問題或陳述。這些問題和陳述涉及實際的行爲和心理素質，要求被調查者對這些行爲和心理素質在他們工作中的重要性和頻率(經常性)按給定的方法作答。一般答案應具備 3 個層次： (1)各種特殊品質的必要性：必須具備，需具備，不需具備。 (2)各種特殊品質在某種工作中應用的時間次數：常常應用到的，有時應用到的，從未應用到的。 (3)各種特殊品質如加以訓練可否收到效果：大有進步，稍有進步，未必得到進步。 問卷法可以分成職位定向和人員定向兩種。職位定向問卷比較強調工作本身的條件和結果；人員定向問卷則集中於瞭解工作人員的工作行爲。 調查問卷的設計通常有兩種形式：結構性問卷和開放性問卷。結構性問卷是一種給出問題(如工作職責)的各種備選答案，要求被調查者根據實際情況進行選擇的問卷方式。開放性問卷是一種只有問題，而沒有給出問題的各種備選答案，由被調查者根據自己的判斷來填寫的問卷方式。這是兩種差別極大的不同問卷形式，在實際操作中，一般將兩者結合起來使用。
工作日記法	工作日記法是讓員工用工作日記的方式記錄每天的工作活動，作爲職位分析的資料。這種方法要求員工在一段時間內對自己工作中所做的一切進行系統的活動記錄。如果這種記錄記得很詳細，那麼經常會提示一些其他方法無法獲得或者觀察不到的細節。

續表

工作參與法	工作參與法是由工作分析人員親自參加工作活動，體驗工作的整個過程，從中獲得工作分析的資料。要想對某一工作有一個深刻的瞭解，最好的方法就是親自去實踐。通過實地考察，可以細緻、深入地體驗、瞭解和分析某種工作的心理因素及工作所需的各種心理品質和行爲模型。所以，從獲得工作分析資料的品質方面而言，這種方法效果較好。
資料分析法	爲降低工作分析的成本，應當儘量利用原有資料，例如責任制文本等人事文件，以對每個工作的任務、責任、權利、工作負荷、任職資格等有一個大致的瞭解，爲進一步調查、分析奠定基礎。
關鍵事件法	關鍵事件法是請管理人員和工作人員回憶、報告對他們的工作績效來說比較關鍵的工作特徵和事件，從而獲得工作分析資料。 工作分析的方法可以分爲職位定向方法和行爲定向方法。前者相對靜態地描述和分析職位特徵，收集各種有關「工作描述」一類的材料；後者集中於與「工作要求」相適應的工作行爲，屬於相對動態的分析。 關鍵事件法就是一種常用的行爲定向方法。這種方法要求管理人員、員工以及其他熟悉工作職位的人員記錄工作行爲中的「關鍵事件」——使工作成功或者失敗的行爲特徵或事件。 在大量收集關鍵事件以後，可以對它們作出分析，並總結出職位的關鍵特徵和行爲要求。關鍵事件法既能獲得有關職位的靜態資訊，又可以瞭解職位的動態特點。
主管人員分析法	這種方法是由主管人員通過日常的管理許可權來記錄與分析所管轄人員的工作任務、責任與要求等因素。主管人員對此工作非常瞭解，以前也曾從事過這些工作，因此他們對被分析的工作有雙重的理解，對職位所要求的工作技能的鑑別與確定非常在行。

績效考核方法優缺點對比表

方法名稱	優點	缺點
面談法	•可以對工作者的工作態度與工作動機等較深層次的內容有比較詳細的瞭解。 •運用範圍廣，能夠簡單而迅速地收集多方面的工作分析資料。 •由任職者親口講出工作內容，具體而準確。 •使工作分析員瞭解短期直接觀察法不容易發現的情況，有助於管理者發現問題。 •爲任職者解釋工作分析的必要性及功能。 •有助於員工的溝通，緩解工作壓力。	•比較費口才費時間，工作成本較高。 •收集到的資訊往往被扭曲了，失真。 •訪談法易被員工認爲是對他們工作業績的考核或是薪酬調整的依據，所以會誇大、弱化某些職責。
問卷法	•費用低，速度快，節省時間，可在工作之餘填寫，不至於影響正常工作。 •調查範圍廣，可用於多種目的、多種用途的職位分析。 •調查樣本大，適用於需要對很多工作者進行調查的情況。 •調查的資源可以數量化，由電腦進行數據處理。	•設計理想的調查表要花費較多時間，人力、物力、費用成本較高。 •在問卷使用之前，應進行測試，以瞭解員工理解問卷中問題的情況；爲避免誤解，還經常需要工作分析人員親自解釋和說明，降低了工作效率。 •填寫調查表由工作者單獨進行，缺少交流和溝通，因此，被調查者可能不積極配合，不認真填寫，從而影響調查的品質。

續表

工作日記法	•資訊可靠性很強，適用確定有關工作職責、工作內容、工作關係、強度等方面的資訊。 •所需費用較少。 •對分析高水準複雜的工作，顯得比較有效。	•將注意力主要集中於活動過程，而不是結果。 •使用此方法必須做到：從事此工作的人對此項工作的情況與要求最清楚。 •適用範圍較小，只適用於工作循環週期較短、工作狀態穩定、無大起伏的職位。 •整理資訊的工作量大，歸納工作繁瑣。 •工作執行者在填寫工作日記時，會因為不認真而遺漏很多內容，從而影響分析後果；另外，在一定程度上填寫日記會影響正常工作。 •若由第三者填寫，人力投入量就更大，不適於處理大量的業務。 •存在誤差，需要對記錄分析結果進行必要的檢查。
關鍵事件法	•用於許多人力資源管理方面。 •由於在行爲進行時觀察與測量，所以描述職位行爲、建立行爲標準更加準確。 •能更好地確定每一行爲的利益和作用。	•需要花大量時間去收集那些「關鍵事件」並加以概括和分類。 •它並不對工作提供完整的描述，如無法描述工作責任、工作任務、工作背景和最低任職資格的輪廓。 •對績效中等的員工難以涉及，遺漏了平均績效水準。

續表

主管人員分析法	•記錄方便，瞭解深刻。 •目的明確，分析深入。	•主管人員可能有偏見。
資料分析法	•分析成本低，工作效率較高。 •能爲進一步工作分析提供基礎資料、資訊。	•一般收集到的資訊不夠全面，尤其是小型企業或管理落後的企業，往往無法收集到有效、及時的資訊。 •一般不能單獨使用，要與其他工作分析法結合起來使用。

工作分析方法多種多樣，針對營銷經理這一職務進行分析時要根據其工作分析的目的，不同分析方法的利弊，選擇最適合的方法。比如，面談法易於控制，可獲得更多的職位資訊，但分析者的觀點影響對工作資訊正確的判斷，面談者易從自身利益考慮而導致工作資訊失真，職位分析者問些含糊不清的問題，影響資訊收集，不能單獨使用，要與其他方法結合使用。問卷法費用低、速度快、節省時間、調查範圍廣，可用於多種目的職位分析，但也會產生資訊誤差。關鍵事件法可提示工作的動態性，所研究的工作可觀察衡量，所需資料適應大部份工作，但歸納事例需耗大量時間，且易遺漏一些不顯著的工作行爲，難以把握工作實體。

2 掌握銷售部門的關鍵工作

1. **任務報告**

這是營銷戰略策劃的第一部份，也是指出企業和銷售部門存在的理由，應說明以下幾點：

(1)營銷業務部門的作用或貢獻，比如它是企業利潤中心，也是服務部門與機會發掘部門。

(2)業務定義：銷售部門能提供什麼需要，滿足什麼利益。

(3)特有優勢：本企業獨有，而競爭對手不具備的優勢在那裏。

(4)指示未來方向：陳述經過認真思考的主要發展方向。

2. **業績概述**

主要概述最近幾年的業績情況，簡要分析業績變化的原因，比如：去年銷售部門業績差的原因是市場的重新定位和重新組織失誤，現已進行了重大的變動，前景看好。

3. **差距分析**

接下來，銷售部門需要完成戰略規劃的差距分析，差距分析可在具體制定營銷戰略之前完成。具體的差距分析的執行應該注意以下要點。

(1)**目標**

用差距分析制定營銷戰略必須首先明確企業現在的實際情

況，即首先確定企業目前的銷售位置；然後，明確企業在計劃時間內的目標，即在計劃期企業希望達到的銷售位置；再然後是針對目標分析企業所處的位置，辨明企業期望目標和現在位置的差距。在這個基礎上，銷售部門可以制訂縮小差距的備選行動方案，根據差距特點確定最佳方案。

⑵差距分析——提高效率

下表列出了提高工作效率，從而提升業績的各種辦法。請評價每項行動，然後填在表格的右邊，計算總價值。

提升效率以抓住機會

行動	價值/銷量
改進產品組合	
增加銷售拜訪次數	
提高拜訪品質	
聯繫	
提高價格	
降低折扣	
收取運輸費用	
其他	
總計	

⑶差距分析——市場滲透

在矩陣上面列出主要產品，在左邊列出主要市場。在每個小方格的左邊寫上現在的銷量，在右邊寫上計劃期內的銷售目標。在此基礎上計算出產品的總價值。

對比計算出的總價值和預期目標，如果二者間仍存在差距，就進行第四步。

市場滲透

產品 1	產品 2	產品 3	產品 4	產品 5	產品 6	產品 7	總計

⑷差距分析——產品/市場矩陣(產品開發與市場開發)

產品開發與市場開發

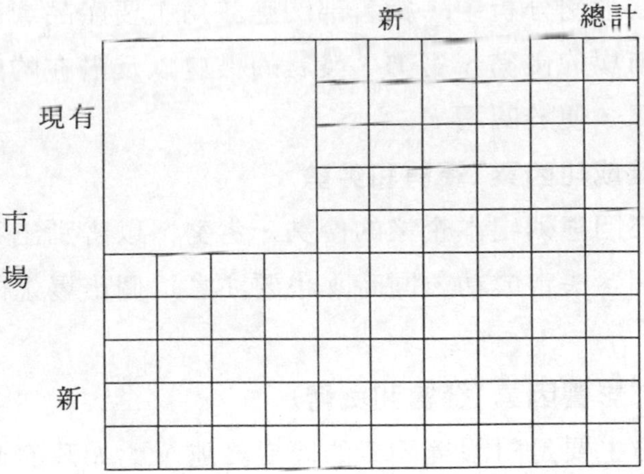

在圖中列出要銷往現有市場的新開發產品的價值，或列出將銷往新市場的現有產品的價值，將所有的價值加在一起，計算出新的總價值。

⑸差距分析——新產品的價值

最後，列出可能爲新市場開發的任何新產品的價值。在第三、四步的分析中，以銷量增長爲中心。

4.市場形勢概況（市場分析）

銷售部門在選定目標細分市場之前應提供簡要的市場概要。市場分析是營銷戰略策劃的基礎，市場分析的好壞直接決定了營銷策劃的品質與營銷執行工作的效果。銷售部門在進行市場分析時應考慮兩點：

①能爲企業提供機會的主要產品和市場是什麼？

②這些產品和市場領域的變化趨勢如何？

銷售部門可以用柱狀圖、圓形圖等比較直觀的方式將這些資訊表現出來。

在市場形勢分析中，銷售部門應該爲主要產品或細分市場作出產品與市場的優勢、劣勢、發展的機會以及潛在的威脅等清楚明瞭的說明，便於閱讀。

⑴關鍵成功因素（優勢和劣勢）

銷售部門應列出本企業的優勢、劣勢，以辨別出特定市場上那些重要因素決定成功。同時，也要注意這個市場上的其他競爭對手。

⑵外部影響因素（機會和威脅）

這部份主要是對環境因素的簡要描述，比如政府政策、經濟環境、技術環境等，以表明環境如何對細分市場產生影響。

⑶做出假設，確立目標，制定戰略

⑷競爭分析

企業的產品或細分市場上目前的市場佔有率，以及今後幾年內競爭者期望獲得的市場佔有率。根據競爭者的業務方向和當前戰略進行分類，然後作出每個市場吸引力評價，找出最好的業務機會。

5.確立目銷目標和制定戰略

細分市場後，使確定營銷目標及相應的營銷戰略工作變得比較容易。但制定營銷目標與戰略仍是整個策劃工作的重要步驟，因為它決定著銷售部門下一步行動的時間與費用安排。

6.財務分析

應把財務分析的結果畫成圖表，再做簡單的說明。

7.控制

戰略營銷計劃的最後部份就是要制定營銷活動的控制程序，以確保計劃的實施。

對銷售部門而言，通過認真思考，週密地策劃而制定出的營銷方案能否發揮充分的效果，還要看營銷人員的執行情況。因此，銷售部門除了做好策劃工作以外，還有一項重要的績效工作就是提高公司的營銷執行能力。

心得欄

3 確定銷售部門的績效指標

銷售部門爲確保營銷計劃可靠實施，達到預期目標，有必要進行績效評估工作，以便及時發現問題、調整行動方案。績效評估主要包含 3 個方面的內容：對營銷計劃實施情況作出分析評估；對企業盈利能力作出評估；對營銷要做的效率作出評估。

1. 營銷計劃執行情況的評估

營銷計劃執行與控制的目的，就是保證公司達到年計劃要求的銷售利潤目標和其他目標。年計劃控制的核心是目標管理。包括 4 個步驟：

⑴確立月、季目標；

⑵對市場上的績效進行監控；

⑶找出造成嚴重績效偏差的原因；

⑷採取正確的行動來縮小目標和實際之間的差距，這就需要改變行動方案甚至改變目標。

銷售部門可以採用 5 種指標檢查營銷計劃的執行情況，即銷售分析、市場佔有率分析、營銷費用與銷售額對比分析、財務分析和顧客滿意度追蹤。

2. 公司盈利評估

銷售部門即使掌握了每個營銷實體或管道的獲得情況還不

足以馬上作出系列的調查，此時還應進一步考慮每條管道對顧客、對公司的重要性以及發展趨勢，還要考慮當前針對每條管道的策略是否最佳等問題。只有在評估了這些方面的情況之後，才能採取有針對性的措施來提高公司的盈利能力。

營銷盈利能力分析顯示了不同管道、產品、地區或其他營銷實體的相對盈利能力。不要簡單地放棄沒有盈利能力的營銷實體，也不要認爲放棄某些盈利狀況不佳的營銷實體就一定會提高利潤。

3.效率評估

設定關鍵績效指標的原則

原則	正確做法	錯誤做法
具體的	切中目標 適度細化 隨情境變化	抽象的 未經細化 複製其他情境中的指標
可度量的	數量化的 行爲化的 數據或資訊具有可獲得性	主觀判斷 非行爲化描述 數據或資訊無從獲得
可實現的	付出努力的情況下可以實現 在適度的時限內實現	過高或過低的目標 期間過長
現實的	可證明的 可觀察的	假設的 不可觀察或證明的
有時限的	使用時間單位 關注效率	不考慮時效性 模糊的時間概念

如果盈利能力分析說明了公司在某些產品、地區或市場方面盈利甚微，銷售部門接下來應考慮的問題是找到更有效的途徑，對這些經營不善的營銷實體中的銷售隊伍、廣告、銷售促進和分銷等活動進行管理，以實現企業利潤的增長。

目標導向模式的銷售部門績效指標

銷售部門績效工作	銷售部門的工作目標	銷售部門的績效指標
主持營銷計劃制定	1.組織和部門內成員共同制定年營銷目標和整體市場營銷工作計劃。 2.制定年市場推廣計劃和預算。 3.與生產銷售部門協商，結合市場情況作出新產品開發計劃。 4.協助營銷總監瞭解企業的競爭對手及經營優勢，分析競爭狀況，組織制定營銷方案。 5.在市場供求資訊中，及時爲新產品開發提供可靠市場報告。 6.策劃與推廣客戶服務計劃。 7.運用市場調查和預測，瞭解消費者的需求狀況及變化趨勢。	1.制定出週密詳實的年營銷計劃和整體市場營銷計劃，爲營銷活動提供指導，按規定時間完成計劃。 2.年市場推廣計劃操作性強，預算合理。 3.制定合理的新產品開發計劃，爲部門規定的標準具有挑戰性。 4.利用現有的全部資訊組織、制定營銷方案，並給方案的實施規定合理的期限，且詳細說明取得目標所需要的步驟。 5.透過現象，分析消費者的需求變化規律，提供客觀可靠的市場分析報告，爲產品決策提供依據。 6.策劃與推廣客戶服務計劃，並組織相關部門協助客戶服務部門執行好客戶服務活動，對工作過程及其結果進行監控與評估。 7.快速有效地調查市場訊息，如清楚、明瞭市場需求變化狀況與趨勢。

續表

監督執行工作	1.監督執行營銷目標的實施情況。 2.瞭解部門各員工的需求與動機，正確引導他們的行爲。 3.正確確定部門員工執行的營銷目標與工作計劃。 4.督促部門圓滿完成各項工作。 5.建立系統的市場調查、廣告等資訊網路。 6.鼓勵下屬團結協作，努力工作。	1.能及時發現執行目標過程中出現的問題，針對出現的情況，調整具體的行動方案。 2.在用人上能發揮各人所長，調動人員的積極性，針對人員的需求與動機，予以合理的滿足，並能形成集體合力。 3.監督部門工作計劃的執行情況，幫助下屬選擇好個人目標，並使個人目標與銷售部門目標一致。 4.妥善處理好工作中的失敗和臨時追加的工作任務，督促各項工作及時圓滿地完成。 5.及時收集有關市場訊息，並有效地利用市場調查、廣告等資訊網路；能從提供的資訊中發現問題，並提出解決問題的方案。 6.有計劃地安排和分配下屬的工作，並能採用多種方法激勵下屬完成任務。
管理、協調工作	1.合理調配部門人員，維持良好的人際環境，使工作順利開展。 2.合理調動部門人員工作積極性。 3.培訓部門員工，教育下屬瞭解公司各方面政策和規章。	1.合理調配內部人員，形成一個科學、有層次的部門人員結構，建立協調、和諧的工作環境，控制發生的衝突或面臨困擾的員工，並使成員攜手合作，達成既定目的。 2.能正確、及時地使用物質激勵和精神鼓勵兩種手段，調動起員工的工作積極性，確保目標實現。

續表

管理、協調工作	4.給下屬佈置與其角色規範相適應的工作。 5.監督、糾正下屬工作的失誤。	3.利用合適的時間培訓員工，提高他們的工作技能與素質。 4.依據工作類別及其他方面的考慮，適當地分配工作，並不斷給予清楚的指導，按品質要求設置標準。 5.及時指出下屬工作中的失誤，並提出正確解決方案。
審查評估工作	1.評估市場調查報告的科學性。 2.審查廣告與媒體的費用控制報告。 3.審查策劃報告的可行性。 4.評估下屬員工的工作能力與工作績效。	1.市場調查報告應及時、準確、真實。 2.細心聽取各有關人員對報告的陳述見解，並給予相應指導。 3.客觀、公正地評估下屬的工作能力與工作績效，並進行績效溝通，以改進績效工作。

心得欄 ------------------------------------

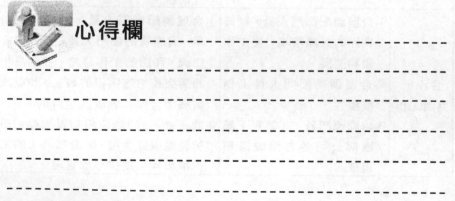

4 建立銷售部門的績效指標體系

績效指標體系是由一群組合特定、彼此間相互聯繫的績效指標組成，每個績效指標都具有自己的獨立性，一個績效指標只代表人員績效的某一側面。所以，績效指標體系反映了崗位績效考核所要檢測的各個方面。它是進行績效考核工作的基礎。測評指標體系的結構反映測評的寬度和深度，主要指測評內容的結構。只有綜合起來，企業財務部門的績效考核工作才是充分全面的。

績效指標體系體現了人員使用的基本要求，通過各組指標的組合，完整地體現評價者的要求和評價目的。績效指標體系也反映了人員品質檢測的投入產出關係，每項指標都是針對與企業存在相關利益的對象的投入和產出的比較。績效指標體系還鮮明地表現了各項指標之間的內在聯繫，能有效體現企業績效工作關係。

一、直接判斷法

直接判斷法是指由決策者個人根據自己的經驗和對各項考核指標重要程度的認識，或者從主管意圖出發，對各項考核指標的權重直接進行分配。例如，對於某一層級上的 3 項指標 A、B、C，決策者認爲 B 最重要，A 次之，C 最不重要，因此，直接分配權重為 A30%、B50%、C20%。直接判斷法的最大優點是省時省力、簡便易行，非常容易操作，而且，由於排除了其他因素的影響，決策的效率很高。

但是其缺點也是顯而易見的。在這種方法中，權重分配僅憑個人經驗和判斷而定，帶有非常強的主觀色彩，客觀性不夠，容易招致預算主管的不滿和質疑。因此，這種方法通常在一些規模較小、績效考核體系較為簡單的企業中使用，而且，決策者在作決定之前最好能召集相關人員進行一些討論，聽取大家的意見，儘量將主觀性和片面性降至一個可以接受的水準。

二、按重要性排序法

顧名思義，按重要性排序法就是將考核指標按照其相對重要性依次排序，最終根據每個考核指標的重要程度得分在績效考核指標體系整體重要程度得分之和中所佔的比重來確定各個考核指標的權重。按重要性排序法的具體操作方法有多種，例如，一種做法是，對於上述同一層級上的 3 項指標 A、B、C，首先將最重要的指標 B 找出來，賦予其分值 4 分，然後找出次重要的指標 A，賦予其分值 2 分，最後，賦予最不重要的指標 C 分值 1 分，則指標 A 的權重為 2/(4＋2＋1)＝0.29，指標 B 的權重為 4/(4＋2＋1)＝0.57，指標 C 的權重為 1/(4＋2＋1)＝0.14。按重要性排序法也是一種比較簡便易行的權重分配方法，同時，這種方法允許多個決策者各自作出判斷，並將其判斷結果以定量的方法進行綜合處理，因此，可以從一定程度上消除主觀片面性。這種方法的缺點在於其打分過程仍然在較大程度上受主觀判斷的影響，因此，其結果的客觀性、準確性仍然存在欠缺。

三、德爾菲法

德爾菲法通過匿名的方式徵求專家意見，首先由專項負責人將包含有考核指標的層次、指標的定義、所要確定的權重等內容的諮詢表格以及其他有關的背景資料發送給各位專家，請他們提出個人意見，然後由專項負責人收回諮詢表，對填寫結果進行統計和綜合處理，將初步統計結果添加進諮詢表格後，再將諮詢表發還給各位專家，讓各專家根據反饋資訊，對自己的判斷作出調整。如此循環往復多次，得出比較一致的意見，並對各專家所作出的權重判斷進行算術平均，以此作爲權重的最後判斷結論。

這種方法的特點是各個專家不發生橫向聯繫，優點在於既可發揮集體智慧，集思廣益，又可避免因受他人意見，特別是權威人士意見的影響，而導致個人不能發表獨立見解，得出的權重體系結果較爲客觀、真實、準確。其缺點在於各位專家之間不能直接進行意見交流，每一輪的結果需要由專項負責人進行綜合整理之後再反饋給各位決策者，花費的時間多，決策的效率較低。

四、層次分析法(AHP)

層次分析法(AHP)是將與決策有關的元素分解成目標、準則、方案等層次，在此基礎之上進行定性和定量分析的一種決策方法。在考核指標的權重體系確定上，同樣可以採用這種方法。採用層次分析法確定權重的基本步驟是：在指標層次劃分模型的基礎上，採用 1～9 比率標度進行同層次兩兩因素間的相對比較，構造判斷矩陣 M。這一過程由若干專家來進行。求解判斷矩陣 M 的特徵根，其解即爲同一層次各指標的權重係數，然後進行 AHP 一致性檢驗。

銷售部門績效指標體系

銷售部門的績效指標	績效指標權重
制定出週密詳實的營銷年計劃和整體市場營銷計劃，爲營銷活動提供指導，按規定時間完成計劃。	8%
年市場推廣計劃操作性強，預算合理。	5%
制定合理的新產品開發計劃，爲部門規定的標準具有挑戰性。	5%
利用現有的全部資訊組織。制定營銷方案，並給方案的實施規定合理的期限，且詳細說明取得目標所需要的步驟。	6%
透過現象，分析消費者的需求變化規律，提供客觀可靠的市場分析報告，爲產品決策提供依據。	5%
策劃與推廣客戶服務計劃，並組織相關部門協助客戶服務部門執行好客戶服務活動，對工作過程及其結果進行監控與評估。	5%
快速有效地調查市場訊息，清楚明瞭市場需求變化狀況與趨勢。	5%
能及時發現執行目標過程中出現的問題，針對出現的情況，調查具體的行動方案。	6%
在用人上能發揮各人所長，調動人員的積極性，針對人員的需求與動機，予以合理的滿足，並能形成集體合力。	5%

續表

監督部門工作計劃的執行情況，幫助下屬選擇好個人目標，並使個人目標與銷售部門目標一致。	5%
妥善處理好工作中的失敗和臨時追加的工作任務，督促各項工作及時圓滿地完成。	4%
及時收集有關市場訊息，並有效地利用市場調查、廣告等資訊網路；能從提供的資訊中發現問題，並提出解決問題的方案。	3%
有計劃地安排和分配下屬的工作，並能採用多種方法激勵下屬完成任務。	4%
合理調配內部人員，形成一個科學有層次的部門人員結構，建立協調、和諧的工作環境，控制發生的衝突或面臨困擾的員工，並使成員攜手合作，達成既定目的。	6%
能正確、及時地使用物質激勵和精神鼓勵兩種手段，調動起員工的工作積極性，確保目標實現。	5%
利用合適的時間培訓員工，提高他們的工作技能與素質。	5%
依據工作類別及其他方面的考慮，適當地分配工作，並不斷給予清楚地指導，按品質要求設置標準。	4%
及時指出下屬工作中的失誤，並提出正確解決方案。	4%
市場調查報告應及時、準確、真實。	3%
細心聽取各有關人員對報告的陳述見解，並給予相應指導。	3%
客觀、公正地評估下屬的工作能力與工作績效，並進行績效溝通，以改進績效工作。	4%

這種方法的優點是在對複雜的決策問題的本質、影響因素及其內在關係等進行深入分析的基礎上，利用較少的定量資訊使決

策的思維過程數學化，從而為多目標、多準則或無結構特性的複雜決策問題提供簡便的決策方法，它尤其適合於如確定考核指標的權重等這種對決策結果難於直接準確計量的場合。但其缺點是整個操作過程繁瑣費時，成本較高，而且需要操作人員掌握一定的數學計算方法，對人員配置的要求較高。

5 選擇銷售部門績效考核方法

一、等級評定法

等級評定法是最容易操作和普遍應用的一種績效考核方法。這種方法的操作形式是先制定關於財務部門的具體的測評標準，在進行績效考核時，按已制定的有關各項測評標準來測評銷售部門的業績和效益。同時，對銷售部門的每一項又設立評分等級數，一般分為 5 個等級：最優的為 10 分，次之為 8 分，依次類推。最後把各項得分匯總，總評分越高，銷售部門工作績效就越好。

等級評定法也有自身的局限性。運用這種方法需進行大量而繁重的測評工作，而且權數不易設置準確。在具體實施的過程中，較多的測評人員習慣於測評結果為較高的等級，因此大量的財務部門的績效考核結果均為優秀。

二、共同確定法

共同確定法是指由考核小組成員共同評定確定具體職位績效的方法。這種方法目前被廣泛用於職稱等級比較明顯、比較固定的職位體系的績效考核過程中。通常，共同確定法的實施分為4個步驟，第一步是基層考評小組推薦，第二步是學科考核小組初評，第三步是文科（理科）職稱評定分委員會評議投票，最後是總委員會審定。

第一步的基層推薦通常採用「共同確定法」。「共同確定法」是由主管和某專業的學術權威組成，人數可7人或9人不等，按考核的內容、項目，逐人逐項打分，然後，去掉一個最高分和個最低分，餘下的取平均分，平均分即為會計部經理的確定分數。

三、關鍵業績指標法

關鍵業績指標（Key Performance Index，KPI）法，是指選銷售部門日常工作中非常重要的幾個業績指標進行績效考評，這是一種在現代管理中受到普遍重視的方法。這一方法的關鍵是建立合理的關鍵業績指標。

一般來說，針對銷售部門職位運用這種方法時，關鍵業績指標的制定要研究銷售部門內部各項工作流程的輸入和輸出情況，從中找出關鍵參數，通過對這些參數的衡量，制定評價銷售部門績效的關鍵業績指標。

這種方法之所以可行，是因爲它符合一個重要的管理原理，即「二八原理」。在一個組織或部門的價值創造中，存在著「20/80」的規律，即 20%的骨幹員工創造 80%的價值。而在每一個員工身上，「二八原理」同樣適用，即 80%的工作任務是由 20%的關鍵行爲完成的。因此，抓住 20%的關鍵行爲並對之進行分析和衡量，這就抓住了業績考評的重心。如果試圖對銷售部門的每一項具體行爲都加以考核，不僅操作起來很困難，而且由於主次不分，也難以取得好的效果。

建立關鍵業績指標體系應遵循的原則：

1. 目標導向原則

關鍵業績指標必須依據工作目標確定，這種工作目標往往是一個目標體系，具體包括企業總體財務目標、銷售部門的工作目標以及特定營銷崗位的工作目標。

2. 注重工作品質

工作品質是實現部門目標的核心所在，而又往往難以衡量。因此，對工作品質設立指標進行控制特別重要。

3. 注意可操作性

關鍵業績指標的建立必須注意其可操作性。因爲關鍵指標再好，如果難以操作，也是沒有實際價值的。所以，營銷主管必須從技術上保證指標的可操作性，對每一個指標都給予明確的定義，建立完善的信息收集管道。

4. 強調輸入和輸出過程的控制

在設立關鍵業績指標時，要優先考慮流程的輸入和輸出狀況，將兩者之間的過程視爲一個整體，進行端點控制。

運用關鍵業績指標法進行績效管理，大致包含如下程序：

首先，由績效管理部門將企業的整體目標及財務部門的目標傳達給會計部經理。

然後，銷售部門將自己的工作目標分解爲更詳細的子項目。進行分解時，可以運用魚骨圖分析法，盡可能將每一個項目內容都指標化、具體化。

銷售部門績效考核方法表

銷售部門的績效指標	考核方法
1.制定出週密詳實的營銷年計劃和整體市場營銷計劃，爲營銷活動提供指導，按規定時間完成計劃。 2.年市場推廣計劃操作性強，預算合理。 3.制定合理的新產品開發計劃，爲部門規定的標準具有挑戰性。 4.利用現有的全部資訊組織制定營銷方案，並給方案的實施規定合理的期限，且詳細說明取得目標所需要的步驟。 5.透過現象，分析消費者的需求變化規律，提供客觀可靠的市場分析報告，爲產品決策提供依據。 6.策劃與推廣客戶服務計劃，並組織相關部門協助客戶服務部門執行好客戶服務活動，對工作過程及其結果進行監控與評估。 7.快速有效地調查市場訊息，如清楚明瞭市場需求變化狀況與趨勢。	目標管理法
1.能及時發現執行目標過程中出現的問題，針對出現的情況，調整具體的行動方案。 2.在用人上能發揮各人所長，調動人員的積極性，針對人員的需求與動機，予以合理的滿足，並能形成集體合力。	目標管理法 等級評定法

續表

3.監督部門工作計劃的執行情況，幫助下屬選擇好個人目標，並使個人目標與銷售部門目標一致。 4.妥善處理好工作中的失敗和臨時追加的工作任務，督促各項工作及時圓滿地完成。 5.及時收集有關市場訊息，並有效地利用市場調查、廣告等資訊網路；能從提供的資訊中發現問題，並提出解決問題的方案。 6.有計劃地安排和分配下屬的工作，並能採用多種方法激勵下屬完成任務。	目標管理法 等級評定法
1.合理調配內部人員，形成一個科學、有層次的部門人員結構，建立協調、和諧的工作環境，控制發生的衝突或面臨困擾的員工，並使成員攜手合作，達成既定目的。 2.能正確、及時地使用物質激勵和精神鼓勵兩種手段，調動起員工的工作積極性，確保目標實現。 3.利用合適的時間培訓員工，提高他們的工作技能與素質。 4.依據工作類別及其他方面的考慮，適當地分配工作，並不斷給予清楚的指導，按品質要求設置標準。 5.及時指出下屬工作中的失誤，並提出正確解決方案。	等級評定法
1.市場調查報告應及時、準確、真實。 2.細心聽取各有關人員對報告的陳述見解，並給予相應指導。 3.客觀、公正地評估下屬的工作能力與工作績效，並進行績效溝通，以改進績效工作。	關鍵績效法

銷售部門績效考核方法對比表

績效考核方法	方法應用條件	方法成本	方法作用
目標管理法	運用該方法在於確定目標，目標必須是可以觀摩和量化的。	高	能夠發現具體的問題與差距，便於制定下一步工作計劃，適合用來對被考核者提供建議和輔導。
等級評定法	確定業績考核標準，評價項目與等級明確。	低	這種方法給出不同等級的定義和描述，然後按照每一個評價要素或績效指標，按照給定的等級進行評估，適合用來對被考核者提供建議反饋與輔導。
關鍵績效法	確定重要工作的目標和衡量目標達到的程度的指標，形成指標體系。	中	能明確被考核者的業績衡量指標，使業績考核建立在量化的基礎上。

心得欄 --

----

6 確定績效考核週期

一、確定銷售部門績效考核週期

考核週期是指多長時間進行一次考核。這與考核的目的和被考核職位有關係。如果考核的目的主要是爲了獎懲，那麼自然就應該使考核的週期與獎懲的週期保持一致；而如果考核是爲了續簽聘用協議，則考核週期與企業制定的員工聘用週期一致等等。

事實上，績效考核週期還與考核指標類型有關。仔細深究，不同類型的績效考核指標也需要不同的考核週期。

計件性工作和簡單性工作績效考核的最短適宜週期是天；對於任務績效考核指標，可能需要較短的考核週期，例如一個月。這樣做的好處是：在較短的時間內，考核者對被考核者在這些方面的工作結果有較清楚的記錄和印象，如果都等到年底再進行考核，恐怕就只能憑主觀感覺了；對工作結果及時進行評價和反饋，有利於及時地改進工作，避免將問題一起積攢到年底來處理。

經營決策性工作和市場需求隨季節性變化的工作及週邊績效考核指標，適合在相對較長的時期內進行考核，如季、半年或一年。人的行爲、表現和素質的因素相對具有一定的隱蔽性和不可觀察性，需較長時間考查和必要的推斷才能得出趨勢或結論。

但是企業應進行一些簡單的日常行爲記錄，以作爲考核時的依據。

實踐中，一般沒有將任務績效考核和週邊績效考核指標分開設定考核週期，而是在統一設定考核週期後，對週邊績效考核指標更注意各週期之間的聯繫考查和趨勢判斷。

銷售部門的各項工作中，有的屬於任務績效考核指標，有的則屬於經營決策型工作，因此對於銷售部門經理的績效考核，應視不同的績效指標，確定不同的績效考核週期。

二、確定銷售部門績效考核人員

一般情況下，進行績效考核的人員爲人力資源部門工作人員及本部門主管階層。對於銷售部門來說，對其進行績效考核的主要是人力資源部門工作人員和營銷經理。

新型考核方式的主要目的，在於使員工能夠更清楚地看清自己。每一個人都很容易看到別人身上的問題，而對自己的卻視而不見。從這個觀點來看，每一個人都是一面鏡子，都可以從中看到自我。所以，在考核中，不應只由員工上級一個人對員工進行評價，而應將範圍擴大。只要是在工作中同這個員工發生直接關係的，都可以對該員工進行評價。

當然，這只是理論上的觀點，在實際操作上是不現實的。但可以由公司人力資源部將會計部經理的上級、下屬、同事中最經常發生工作關係的人列出來(一般不超過 10 人)，即營銷經理、市場部經理、銷售經理、客戶關係經理等，然後由員工同人力資源部確認後將考核表發給相應的考核者，塡寫後交回人力資源部。

7 銷售部門的績效溝通

一、以溝通交流對績效考核指標作合理的調整

銷售部門與考核人員或營銷總監通過溝通，對績效指標有更透徹地瞭解，並且在績效考核過程中，銷售部門與考核人員進行績效溝通，目的主要有以下幾個方面。

績效考核過程中進行績效溝通，第一個目的就是針對實際情況，對考核指標作適時地調整。比如，因爲意外的困難與障礙的出現，不得不把工作業績的數量降低或時限變得更加寬鬆一些，各項工作目標的權重可能會隨環境的變化而發生改變等。通過績效溝通，可以對績效計劃或指標進行調整，使之更適合實際情況。

二、銷售部門在執行績效計劃過程中瞭解到的資訊

1.關於如何解決職務工作中的困難的資訊

由於營銷環境變化的加劇，銷售部門的工作也越來越複雜多變，在制定績效計劃時，很難清楚地預計到所有績效實施過程中所遇到的困難與障礙。因此，銷售部門也會遇到這樣或那樣的問題與困難，他們也希望得到上司及同行相應的資源與幫助。

2.關於自己工作完成的怎麼樣的資訊

銷售部門雖然是銷售部門的管理人員，他們也希望在自己工作過程中能得到關於自己工作績效的反饋資訊，以便改進自己的績效和提高自己各方面的能力。如果只是在績效評估中考核人員列出一大堆的問題績效來批評他們，那麼銷售部門也會存在不滿。因此，持續的績效溝通、交流輔導過程也是銷售部門不斷改進和提高自己績效的過程。

三、考核人員或營銷總監要瞭解的資訊

作爲銷售部門的上司，需要在銷售部門完成績效工作的過程中及時掌握工作進展情況的資訊，瞭解銷售部門工作中的表現與遇到的問題。如果營銷總監不能通過有效地溝通獲得必要的資訊，那他就無法在績效評估時對銷售部門作出評估。因此，無論從考核者和被考核者的角度，都需要在績效評估過程中進行持續的溝通，因爲兩個方面都需要從中獲得對自已有幫助的資訊。

既然都需要進行績效溝通，那溝通具體內容應因營銷總監與銷售部門的需要來確定。績效溝通的內容主要有：

1.工作進展情況如何？

2.銷售部門和營銷經理是否在正確地達到目標和績效標準的軌道上運行？

3.如果偏離了方向，應及時採取什麼樣的行動方案來扭轉這種局面？

4.那些方面績效工作突出？

5.那些方面進展不順？

6.面對不利的情境，對績效目標的行動做什麼樣的調整？

7.上司採取什麼行動支持屬下？

面對這些問題，銷售部門與營銷總監就必須進行溝通。進行溝通的方式有多種，口頭的方式與書面的方式，會議的方式與談話的方式等等。隨著現代電腦和網路技術的發展，人們也越來越多地採取在網路上進行溝通的方式。

不過，每種溝通方式各有優缺點，都有其適合的情境。因此，應針對具體的情境選用適合的溝通方式。

8 銷售部門的績效評估

一、收集績效資訊

銷售部門的績效評估，是對銷售部門的市場營銷戰略策劃、執行，對營銷成果進行分析和評價，並通過績效評估，發現工作的價值，找出存在的問題與不足，而後進行績效改進，從而提高銷售部門的運作績效。

銷售部門的績效評估工作分爲以下幾個步驟：

1.收集績效資訊的作用

在對銷售部門進行績效評估時，力圖做到客觀、公正的績效評估，需要依據什麼進行評估呢？客觀、公正的績效評估一定不會是憑感覺，因此，在績效實施與管理的過程中，就一定要對銷售部門的績效工作表現作一些觀察和記錄，收集必要的資訊。爲什麼要收集和記錄營銷經理的績效資訊，主要原因有以下幾點。

⑴提供績效評估的事實依據

在績效實施的過程中，對銷售部門的績效資訊進行記錄和收集，是爲了在績效評估中有充足的客觀依據。在績效評估時，我們將一個銷售部門績效判斷爲「優秀」、「良好」或者「差」，需要有一些證據作支援。這些資訊除了可以作爲對銷售部門的績效進行評估的依據，也可以作爲晉升、加薪等人事決策的依據。

⑵提供改進績效的事實依據

考核者進行績效管理的目的，是改進和提高銷售部門的績效和工作能力，那麼，當考核者對銷售部門說「你在這些方面做得不夠好」或「你在這方面還可以做得更好一些」時，需要結合具體的事實向銷售部門說明其目前的差距和需要如何改進和提高。

⑶發現績效問題和優秀績效的原因

對績效資訊的記錄和收集，還可以使考核者積累一定的突出績效所表現的關鍵事件。記錄銷售部門績效突出好或突出差的一些工作表現，可以幫助我們發現優秀績效背後的原因——或者可以發現績效不良背後的原因——是工作態度的問題還是工作方法的問題，這樣有助於對症下藥，改進績效。

⑷在爭議仲裁中的利益保護

另外，保留詳實的銷售部門績效表現記錄，也是爲了在發生爭議時有事實依據。一旦銷售部門對績效評估或人事決策產生爭議時，就可以利用這些記錄在案的事實依據作爲仲裁的資訊來源。這些記錄一方面可以保護公司的利益，另一方面也可以保護銷售部門的利益。

2.績效資訊的內容

考核者不可能對被考核者所有的績效表現都作記錄，因此要有選擇的收集，要確保所收集的資訊與關鍵績效指標密切相關。在收集績效資訊中可以注意被考核者的「關鍵事件」資訊。關鍵事件是被考核者(即銷售部門)的一些典型行爲，既有證明績效突出的好事件，也有證明績效存在問題的事件。因此，在收集績效資訊時要注意以下問題：

⑴要注意有目的地收集資訊

收集績效資訊之前，一定要弄清楚爲什麼要收集這些資訊。有些工作沒有必要收集過多的過程中的資訊，只需要關注結果就可以了，那麼就不必費盡心思去收集那些過程中的資訊。如果收集來的資訊最後發現並沒有什麼用途而被置之不理，那麼這將是對人力、物力和時間的一大浪費。

⑵可以採用抽樣的方法收集資訊

既然不可能一天 8 小時一動不動地監控被考核者的工作，不妨採用抽樣的方式。所謂抽樣，就是從銷售部門全部的工作行爲中抽取一部份工作行爲作出記錄。這些抽取出來的工作行爲就被稱爲是一個樣本。抽樣的關鍵是要注意樣本的代表性。

⑶要把事實與推測區分開來

我們應該收集那些事實的績效資訊，而不應收集對事實的推測。我們通過觀察可以看到某些行爲，而行爲背後的動機或情感則是通過推測得出的。

考核者與銷售部門進行績效溝通的時候，也是基於事實的資訊，而不是推測得出的資訊。

二、分析績效資訊

分析績效資訊是進行銷售部門績效考核的重要依據，考核人員應把收集來的績效資訊進行全面、系統、完整地分析和考核。比如，對銷售部門的各項營銷計劃、責任指標、市場狀況、顧客滿意度等進行客觀、詳細地分析。

在獲得豐富、準確的績效資訊後，就要開始對績效資訊進行分析。由於收集到的資訊多是無序和龐雜的，就要求在分析績效資訊的過程中，運用有效的分析方法，經歷由表及裏的過程，通過表面的數據等分析出來。

一般來說，績效資訊分析的過程如下所示。

1.匯總和分類測評數據

將不同的測評人員測評財務部門的結果進行匯總，同時，還要根據被測對象的特點，對測評結果匯總表進行分類。

在測評時，素質測評表的格式如採用一人一表的形式，那麼，對測評結果進行匯總，只要將不同測評人員對財務部門的測評表集中起來即可。如果是採用多人一表的形式，那麼就要把不同測評人員測評財務部門的結果，填寫在一張測評結果匯總過渡表中。

2.處理數據

數據處理需應用一定的計算方法，對財務部門的匯總測評數據進行加工，計算被測對象每個指標的測量結果。完成這一程序，可使用電腦處理和手工處理兩種方法。

⑴電腦處理

進行電腦處理以前，要先設計功能，確定演算法及輸入、輸出格式，然後編制、調試電腦程序，輸入測評結果。

電腦處理具有速度快、準確度高的特點，測評規模大時應使用此法。

⑵手工處理

手工處理一般是在被測對象較少或對電腦處理結果進行驗證的情況下使用，具有較高的靈活性，適用於對部門經理的測評。通常採用算術平均法和體操打分法。

3.繪製測評曲線圖

曲線圖的繪製方法，是根據每個指標的結果分值，按一定的組合順序，將其繪製在坐標系中。橫坐標表示測評指標，縱坐標表示結果分值。測評曲線圖有兩種：

⑴素質能力測評曲線圖。橫坐標包括全部測評指標。

⑵結構測評曲線圖。橫坐標僅包括一部份的指標，以便對某些素質結構的測評結果進行重點分析。

每張測評曲線圖上的測評曲線條數，可根據不同的分析目的進行繪製。例如，如果想瞭解不同考評人員測評的差異，可把不同考評人員的測評結果繪製在同一張座標圖上進行分析。

三、控制非績效行為

績效資訊收集後，需要進行整理、分析與研究，對不正確或失實的績效資訊進行剔除，對不可比的績效資料予以調整或進行淘汰，對符合實際的有用的績效資訊進行歸類、分類、整理，運用不同的分析方法進行比較分析，找出與計劃、與先進水準存在的差距，最後找出問題的關鍵，並解決它。

在對銷售部門進行績效分析時，由於各種主觀和客觀的因素，造成知覺的選擇性是難以避免的，爲了儘量減少這種偏差，首先必須對產生偏差的原因進行分析，可能造成偏差的原因有以下幾方面。

1.考評的指標體系和參照標準不夠明確

如考評的指標體系內有重覆或相近現象，參照標準各等級間區分不明顯等。這種情況容易造成測評人員不能嚴格依照測評參照標準，而是憑主觀理解進行考評。

2.以點蓋面效應

心理學家的研究表明，考核者在對人的各種品質進行考核時，會有一種偏高或偏低的習性，即由於某人某方面的品質和特徵特別明顯，使觀察者容易產生清晰明顯的知覺，從而忽略其他的品質和特徵，作出片面的判斷。例如，一個隻在工作的一個方面表現出色的人，可能被不正確地評價爲在工作的所有領域都很出色；而一個人在工作的一個方面存在不足，則可能被不正確地評價爲在工作的所有方面的表現都不佳。而實際上，每個人都有優點和缺點，對一個人的工作績效，要進行全面地評價。

3. 對比誤差

在對一系列員工進行考評時，由於被考評者素質參差不齊，考評人員很容易在根據鄰近員工之間的比較來確定考評結果。這樣很容易使被考評人員的特點在考評人員的頭腦中得到擴大。例如：在考評前一個員工時，他的各方面都比較優秀，而下一個員工的表現平平，考評人員很容易在對比中感覺到第二個人的欠缺，從而形成很差的印象，使第二名員工的考評結果低於他的實際水準。

4. 感情效應

考評人員和被測對象的關係很有可能影響到測評的準確性，尤其在「人情社會」裏，這種情況在指標爲軟性時更爲明顯。另外，「與我相似」效應也是感情效應的一種體現。也就是說，考評者一般會傾向於給那些看起來與自己相似的人以較高的評價。

有一個例子，有關績效考核的實驗就說明了這一點。測驗分爲兩組，第一組成員拿到的關於一個財務部門人員的工作表現後註明此人的父母親均爲博士，而第二組成員拿到的同一個人的工作表現後標註此人的父親是搬運工，母親是清潔工。結果，第一組對此人的評價很高，而第二組對這個人的評價則要差很多。

5. 績效評價人員素質

構成考評人員素質的因素包括對考評系統的認識、測評方法的掌握等。另外，考評人員之間的相互影響，也可能對考評結果產生影響。

針對產生非績效行爲的原因，可採用一些方法來控制非績效行爲，以保證測評的公正。

⑴對於產生非績效行爲的第一個原因，要做測評前的調整，明確各考評指標和參照標準。

對測評指標體系和參照標準中各等級的內容作進一步的檢查和分析，刪除重覆的部份，改正含糊不清的措辭，使每個指標的內涵清楚，參照標準各等級間的內容界限分明，並選擇客觀的行爲特徵作爲測評的尺度。

⑵針對感情效應，考評人員要克服自我防衛本能，正確看待自己，對待別人所提出的意見。

同時，可要求考評人員參加培訓，有意識地進行練習。

⑶針對對比效應，減少誤差的方法有：

①同時對許多員工進行考評。當只對幾名員工面試或考評時，這種對比效應更易發生。

②將考評建立在具體的、事先制定的工作要求或標準的基礎上。

③不要按特定的順序考評員工。

④考評員工完成工作要求的程度。在考評之後，而不是之前對員工進行比較。例如：財務部門甲的第一項績效指標爲 A，財務部門乙的爲 B，在每次績效考評中按事先界定的標準進行評分之後，再將兩者的績效進行比較，看對他們的評價是不是根據相對關係作出的。

⑤要避免使用標誌模糊的考評標準，如「優秀」、「超過平均水準」、「達到平均水準」等。應使用只記錄所觀察到的行爲發生頻率的考評標準，或標誌本身是按照行爲定義的考評標準。

四、評價績效

對銷售部門進行績效考核，主要是爲了肯定成績、總結經驗、發現問題並吸取教訓，還應挖掘潛力、制定最佳的營銷組合、實現更多的利潤。在對績效工作進行分析評價時，應對銷售部門各項業績進行切合實際的評價，並對其中的問題提出切實可行的改進措施、建議和實施方案。同時，也應對以往分析中提出的改進措施、建議和實施方案的實際績效作出分析，得出評價結論。

企業的績效考核一般在特定時間舉行，並且大多在年中或是年終進行，針對所確定的財務部門的績效指標進行考核。

最常用的評價績效的方法是要素分析法，即根據每個測評指標的測評結果，再依據素質測評參照標準的內容進行要素分析的一種方法。以要素分析爲基礎，又可分爲結構分析法、歸納分析法、綜合分析法、對比分析法和曲線分析法。

1.結構分析法

結構分析法，就是按素質測評指標中指標體系結構及各素質指標結構所屬的各項測評指標的測評結果，以要素分析法爲工具，對測評結果進行分析的一種方法。它是對各類人員劃分素質結構進行總體描述的，結果以評語的方式出現。

2.歸納分析法

歸納分析法是視不同對象，根據不同測評目的，將素質能力指標體系中反映某一方面素質的指標歸納在一起，然後進行要素分析的一種方法。

這種方法適用於對財務部門某一方面的特性進行重點分析，具有針對性。例如，可以分析和評價經營決策能力、組織領導能力等。

3. 綜合分析法

這是根據模糊數學中綜合評判，對測評指標進行加權處理，計算指標的加權平均數，綜合分析測評結果的一種方法。這樣，可以防止分析結果中的片面性並具有可比性。

加權是爲了強調某一因素在全體因素中所處的地位和重要程度，而賦予這一因素某一特徵值的過程。加權係數就是表示這個特徵值的數字。

確定加權係數的方法有很多，常用的方法主要有兩兩比較法。這種方法是把具有可比性的測評指標進行分類，並把這些指標設計在一張要素比較表內，兩兩比較各要素的重要程度。根據表中各要素所得分值，計算每個測評要素相對於其他測評要素的重要程度，並作爲該要素的加權係數。

要素比較表

	e_1	e_2	……	e_i	……	e_{n-1}	e_n
e_1							
e_2							
……							
e_i							
……							
e_{n-1}							
e_n							

4.**對比分析法**

對比分析法是在至少兩次以上對某一被測評對象進行考評的基礎上，利用要素分析法，對前後幾次測評結果進行分析、比較的方法。這樣可以說明和反映財務部門在前後幾次測評中的發展變化，幫助分析財務部門的一般發展趨勢和引起幾次測評結果差異的具體原因。同時，也可以針對某一群體進行分析。此法最關鍵之處在於必須從錯綜複雜的因素中找出最本質、最關鍵、最客觀的因素來說明變化的原因。

5.**曲線分析法**

曲線分析法是把各指標的測評結果分值按照一定的要求，在座標圖上用折線依次連接兩個相鄰指標所對應的測評結果分值點，根據座標圖上曲線的「起伏」情況，對財務部門素質進行分析的一種方法。它具有直觀簡便的特點，從曲線圖上可以很快瞭解和掌握財務部門的素質情況、各種特徵和各類人員的某一指標的差異情況。

五、形成績效評估表

對銷售部門的績效資訊進行分析評價後，考核人員針對實際情況形成初步的績效評估表。評估表因分析的內容不同而略有差別，但要求要客觀全面、實事求是、重點突出，避免主觀臆斷；作出的評估要真實準確、有根據；提出的改進措施、意見和方案要具體。績效評估表要簡明扼要、清晰易懂，且績效評估表要及時送給有關部門和考核者本人，提高時效性。

六、接受績效申訴

績效評估對評估者和銷售部門來說都不是一件輕而易舉的事情。它需要對任務的明確瞭解和對人員能力的敏銳把握，並且要求公開傳達公司對銷售部門的期望值。接受績效申訴，對評估者來說是一項有效而重要的評估對策，也是對銷售部門績效評估的有效的再次衡量與反饋。接受績效申訴可通過面談的形式進行。進行績效申訴一般有以下 5 項主要目的：

1.對被評估者的表現雙方有一致的看法。

2.表現優異之處。

3.指出表現待改進的地方。

4.雙方對改進計劃或績效標準達成共識。

5.協定下一個評估階段的目標、標準和計劃。

面談時，評估者應以積極、熱情的態度總結一下已經討論並達成共識的事項，同時給被評估者即銷售部門一個機會作出回應，提高、增補其他看法和建議。在雙方達成共識的條件下，制定出新的評估目標、行動計劃和方案，甚至每一步都要達到績效。

七、形成績效評估報告

績效評估報告是對銷售部門績效考核工作的總結，一份完美的評估報告能充分展現成功的績效評估的魅力。一般來說，績效評估報告有 3 個主要作用：表達評估結果，促進績效工作改進；

充當參考文件；證明所做工作的可信度。

1.表述研究細節

績效評估報告是對已完成的績效評估項目所做完整而又準確的描述。就是說，內容詳細、完整，向閱讀者傳遞以下內容：績效評估目標；主要背景資訊(評估對象資訊)；評估方法的選擇及評價；以表格形式展示評估結果；評估結果摘要；結論；建議。

2.提供參考文件

績效評估報告可為企業領導人提供銷售部門績效工作評價結果，用做加薪、晉升或降職等的依據。

3.能夠建立並保持研究的可信度

績效評估報告必須使閱讀者感受到評估者對整個評估項目的重視程度和對評估品質的控制程度。

心得欄

9 銷售部門的績效評估的落實

績效評估實施成功與否，很關鍵的一點就是在於績效評估的結果如何應用。很多績效評估的實施未能成功，其主要原因也是沒有處理好績效評估結果應用中的問題。

以前，進行績效評估的目的就是幫助人事部門爲銷售部門作出一些薪酬方面的決策。比如，薪資的晉升與獎金的分配問題。顯然，這種做法有其片面性。因爲對於企業來說，它需要保留那些有能力、有良好績效工作的銷售部門，並且不斷促使他做出更好的績效。薪酬只是一方面的因素，還有許多激勵因素，例如培訓和自我提高的機會等，績效評估的目的也是爲了改進和提高銷售部門的績效。因此，績效評估結果有多種用途：

1. 用於薪酬的分配與調查

這也是績效評估結果的一種非常普遍的用途。一般來說，爲了增強薪酬的激勵作用，在銷售部門的報酬體系中，有一部份薪酬是與績效掛鉤的。另外，薪酬的調整往往也由績效來決定。例如，銷售部門薪資晉升的等級是與績效聯繫在一起的。

2. 用於職位的升遷與調整

績效評估的結果也爲銷售部門職位的變動提供一定的資訊。銷售部門績效突出，讓其晉升就可以讓他承擔更多的責任。

如果銷售部門業績不夠好，可能是目前從事的職位不適合他，因此可以通過職位的調整，使他從事更加適合他的工作。

3.用於銷售部門培訓與發展的績效改進計劃

這也是績效評估結果最重要的用途。通過績效評估，銷售部門可以知道那些工作做得好，那些方面還需要改進、培訓與發展。

4.作為銷售部門選拔和培訓的效標

所謂「效標」，就是衡量某個事物有效性的指標。績效評估的結果可以用來衡量招聘、選擇和培訓的有效性如何。如果選拔出來的銷售部門實際的績效評估結果確實很好，那麼就說明選拔是有效的；反之，就說明要麼是選拔不夠有效，要麼是績效評估的結果有問題，考核人員可針對具體情況進行分析並改進。

10 銷售部門的績效改進

對於銷售部門在某些工作方面存在的績效問題，營銷總監應與其進行及時的溝通，同時與銷售部門一起查找其實際績效與期望水準之間的差距到底有多大，然後分析造成差距的原因是什麼。最關鍵的是，要從這些原因中找出與銷售部門自身有關的、可以通過具體措施改進的問題。如果問題不與銷售部門自身的因素有關，而是由於一些週邊環境的客觀因素造成的，那麼企業就應該設法去解決這些客觀環境因素。如果確實是銷售部門的能力問題，應安排培訓或用其他方式提高能力水準。

一、採取幫助措施

在與銷售部門溝通，確認了績效問題以及造成績效問題的原因之後，營銷總監與考核人員首先應以幫助者的角色出現，幫助銷售部門一起制定績效改進措施，根據銷售部門的績效問題，幫助他共同制定目標。這一目標應是通過努力才能達到的目標。這一目標應包含如下內容：

1. 有待發展的項目

通常是指在工作能力、方法、習慣等方面有待提高的地方。一般來說，銷售部門的個人發展目標應選擇一個最爲迫切需要提高的項目。

2. 發展這些項目的原因

這些原因通常是由於這些方面水準比較低，而工作又需要在這方面表現出較高的水準。

3. 目前的水準和期望達到的水準

績效改進的目標應明確清晰，因此，制定的目標需要指出其目前水準表現如何，期望達到的水準又是怎樣的。

4. 發展這些項目的方式

將目前水準提高到期望水準可能有多種方式，比如培訓、自我學習、他人幫助改進等。對一個項目的發展可以採取一種方式，也可以採取多種方式。

5.設定達到目標的期限

預期在多長時間內能夠將有待發展的項目提高到期望水準，指出評估的期限。

銷售部門在實現目標的過程中設置一些檢查點，及時給銷售部門一些檢查反饋。

二、採取處罰措施

對於有績效問題的銷售部門，如果採取幫助措施仍不能奏效，上司就應該採取一些處罰措施。採取處罰措施應注意以下問題：

1.採取處罰之前先與其溝通。讓銷售部門瞭解為什麼採取處罰措施，所採取的處罰是怎樣的，以及在什麼情況下自己將要被處罰。

2.所採取的處罰措施要合乎情理。

3.採取處罰措施之後要注意監控和評估處罰後的結果。

三、運用強化的方法促進績效改進

銷售部門績效的改進，是促進銷售部門一些符合期望的行為發生或增加出現的頻率，或者減少或消除不期望出現的行為。這樣就可以運用強化的方法來進行績效改進。

應用強化方法進行績效改進時要注意一些原則：

1.要依據銷售部門的實際情況，比如年齡、性別、學歷、經歷等不同的情況採取不同的強化措施。

例如，有的銷售部門比較看重物質利益，那麼用發獎金的方式就可以激發出他們的工作熱情，可以促使他們做出更多符合期望的行為；有的銷售部門則比較看重發展機會，那麼用提供給他們出國培訓機會的方式對他們則是很好的強化。

2.使用正強化的方式比使用負強化和懲罰的方式更為有效。這是很多專家經過研究得出的結論。因此，在使用強化手段時，應該先考慮正強化，儘量不使用懲罰。

3.採取小步子前進，分階段設立目標的形式有利於達到預期的目的。因為人的績效改進需要一定的過程和時間，如果急於求成，希望在短時間內達到很高的目標，往往會使人因感到目標不易達到而喪失希望和信心，很難調動為達到目標付出努力的積極性。如果將大的目標分解成為具體的、切實可行的具有激勵作用的小的階段性目標，採取適當的強化措施，那麼銷售部門就會因為不斷得到強化而增強信心，這樣就更有利於績效改進目標的實現。

4.及時提供反饋。通過給予反饋的形式，將行為的結果告訴銷售部門，是一種能夠使銷售部門得到激勵的方式。

5.強化的方法強調的是採用一些外部的刺激促使銷售部門的績效改進，而真正實現績效改進主要還靠銷售部門的主觀努力。因此，在使用強化方法的同時，還要促使需要改進績效的銷售部門付出更多的主觀努力。

第二章

銷售部門的績效指標範例

1 市場部績效指標

1. 定量指標

考核指標	考核週期	指標定義/公式	數據來源
1. 市場拓展計劃完成率	月/季/年	市場拓展計劃實際完成量/計劃完成量×100%	市場部
2. 市場推廣費用控制率	年	實際推廣費用/計劃推廣費用×100%	財務部
3. 市場調研計劃達成率	月/季/年	實際完成市場調研數量/計劃完成市場調研數量×100%	市場部
4. 品牌市場價值增長率	月/季/年	品牌市場價值數據由第三方權威機構測評獲得	市場部

續表

5.市場策劃方案成功率	月/季/年	成功方案數/提交方案數×100%	市場部
6.媒體正面曝光次數	年	在公眾媒體上發表宣傳企業的新聞報導及宣傳廣告的次數	市場部
7.媒體滿意度	年	接受調研的媒體對市場部工作滿意度評分的算術平均值	市場部

2.定性指標

考核指標	考核週期	指標定義/公式	數據來源
1.產品市場定位準確度	年	產品市場定位與銷售情況是否相符	市場部
2.市場分析情況	年	市場分析報告與實際情況的差距	市場部
3.市場調研狀況	年	市場調研是否按計劃進行	市場部
4.市場企劃方案針對性	年	市場企劃方案是否實用、可行	市場部
5.市場信息收集及時性	年	市場信息是否在規定時間完成收集	市場部

2 銷售部績效指標

1. 定量指標

考核指標	考核週期	指標定義/公式	數據來源
1.銷售額	月/季/年	考核期內各項業務銷售收入總和	銷售部
2.銷售計劃達成率	季/年	實際完成的銷售額/計劃完成銷售額×100%	銷售部
3.年銷售增長率	年	(當年銷售額－上一年銷售額)/上一年銷售額×100%	財務部
4.新產品銷售收入	季/年	考核期內新產品銷售收入總額	財務部
5.核心產品銷售收入	季/年	考核期內企業核心產品銷售收入總額	財務部
6.銷售回款率	季/年	實際回款額/計劃回款額×100%	財務部
7.銷售費用節省率	季/年	(銷售費用預算－實際發生的銷售費用)/銷售費用預算×100%	財務部
8.新增客戶數量	季/年	考核期內新增合作客戶數量	銷售部

2. 定性指標

考核指標	考核週期	指標定義/公式	數據來源
1.銷售服務規範的完善程度	季/年	由於規範不健全造成管理出現失誤和無序的次數	銷售部
2.貨款單據辦理的及時性	季/年	無因單據延遲造成銷售失敗的事件	銷售部
3.銷售合約、檔案資料管理的科學性	季/年	無銷售合約、檔案資料丟失的情況發生	銷售部
4.銷售報表的準確性和完整性	季/年	銷售報表數據無錯項、無漏項	銷售部

心得欄

3 企劃部績效指標

1. 定量指標

考核指標	考核週期	指標定義/公式	數據來源
1.企劃任務按時完成率	季/年	按時完成企劃任務數/企劃任務計劃完成數×100%	企劃部
2.企劃方案一次性通過率	季/年	一次性通過的方案數量/提交審核的企劃方案總量×100%	企劃部
3.企劃費用控制率	季/年	實際企劃費用/計劃企劃費用×100%	財務部
4.品牌市場價值增長率	季/年	品牌市場價值數據由第三方權威機構測評獲得	企劃部
5.媒體正面曝光次數	季/年	在公眾媒體上發表宣傳企業的新聞報導及宣傳廣告的次數	企劃部
6.宣傳品製作按時完成率	季/年	宣傳品製作按時完成數/宣傳品製作總數×100%	企劃部

2. 定性指標

考核指標	考核週期	指標定義/公式	數據來源
1. 企劃方案制定及時性	季/年	企劃方案的制定能夠及時指導企業相關業務的開展	企劃部
2. 危機公關處理及時性	年	危機處理及時，企業損失降到最低	企劃部
3. 企劃方案的可操作性	季/年	制定的企劃方案具體可行	企劃部
4. 企劃方案的品質	季/年	相關部門及主要領導對企劃方案的滿意程度	企劃部
5. 媒體滿意程度	年	相關媒體對企劃部工作滿意的程度	企劃部

心得欄 ------------------------------------

----

4 促銷部績效指標

1. 定量指標

考核指標	考核週期	指標定義/公式	數據來源
1. 促銷計劃按時完成率	月/季/年	實際完成的促銷次數/計劃的促銷次數×100%	促銷部
2.(因促銷活動)銷售增長率	月/季/年	[活動後一個月銷售額(量)－活動前一個月銷售額(量)]/活動前一個月銷售額(量)×100%	財務部
3. 促銷費用節省率	月/季/年	(促銷費用預算－實際發生促銷費用)/促銷費用預算×100%	財務部
4. 宣傳品製作按時完成率	季/年	宣傳品製作按時完成數/宣傳品製作總數×100%	促銷部
5. 促銷方案預期目標達成率	年	經驗證達到預期目標的促銷方案/促銷活動方案總數×100%	促銷部
6. 客戶有效投訴次數	季/年	確因促銷人員或企業過失造成客戶投訴的次數	促銷部
7. 促銷人員培訓計劃完成率	季/年	實際完成培訓的課時數/促銷培訓的總課時數×100%	促銷部

2. 定性指標

考核指標	考核週期	指標定義/公式	數據來源
1. 促銷方案實施情況	季/年	促銷方案是否具有實施的可行性	促銷部
2. 促銷效果	季/年	相關部門及主要領導對促銷效果的滿意度評價情況	促銷部
3. 促銷效果的回饋及時性	季/年	回饋促銷效果的及時性和全面性	促銷部
4. 促銷活動的組織	季/年	促銷活動的組織是否有序、規範	促銷部

5 客服部績效指標

1. 定量指標

考核指標	考核週期	指標定義/公式	數據來源
1. 客戶意見回饋及時率	月/季/年	在標準時間內回饋客戶意見的次數/總共需要回饋的次數×100%	客服部
2. 客戶服務信息傳遞及時率	月/季/年	標準時間內傳遞信息次數/需要向相關部門傳遞信息總次數×100%	客服部
3. 客戶回訪率	月/季/年	實際回訪客戶數/計劃回訪客戶數×100%	客服部

續表

4.大客戶流失數	月/季/年	大客戶流失數量	客服部
5.客服費用控制	季/年	服務費用開支額/服務費用預算額×100%	財務部
6.客戶調研計劃完成率	季/年	客戶調研計劃實際完成量/客戶調研計劃計劃完成量×100%	客服部
7.客戶投訴解決滿意率	月/季/年	客戶對解決結果滿意的投訴數量/總投訴數量×100%	客服部
8.客戶有效投訴次數	季/年	確因客服人員或企業過失造成客戶投訴的次數	客服部

2.定性指標

考核指標	考核週期	指標定義/公式	數據來源
1.客戶滿意程度	季/年	服務客戶對客服工作的滿意程度	客服部
2.客戶服務規範執行情況	季/年	客戶服務人員是否按照客戶服務方案執行	客服部
3.客戶信息完整性與準確性	季/年	客戶信息資料完整、無缺失	客服部
4.客戶關係維護	季/年	主管領導對客戶關係維護的滿意程度	客服部

6 廣告部績效指標

1. 定量指標

考核指標	考核週期	指標定義/公式	數據來源
1. 廣告宣傳計劃按時完成率	季/年	按時完成的廣告項目數/廣告項目總數×100%	廣告部
2. 廣告策劃方案一次性通過率	季/年	一次性通過的廣告方案數/製作的廣告方案總數×100%	廣告部
3. 千人廣告成本	季/年	一期廣告成本/該期廣告受眾規模×100%	廣告部
4. 廣告費用控制	年	廣告費用實際開支額/廣告費用預算額×100%	財務部
5. 廣告效果評估報告提交及時率	季/年	報告提交及時數提交報告的總數	廣告部
6. 廣告創意按時完成率	季/年	廣告創意方案按時完成數廣告創意方案應完成總數	廣告部

2. 定性指標

考核指標	考核週期	指標定義/公式	數據來源
1.廣告成功度	月/季/年	廣告創意度、偏好度、促購度、理解度、印象度等受眾綜合滿意程度	廣告部、專業調查機構
2.廣告認知度	月/季/年	受眾對廣告和廣告產品的認知程度	廣告部
3.廣告文案歸檔及時	月/季/年	廣告文案歸檔及時、完整	廣告部
4.廣告效果滿意程度	季/年	主管領導對廣告效果的滿意度評價	廣告部

心得欄

7 品牌部績效指標

1. 定量指標

考核指標	考核週期	指標定義/公式	數據來源
1.品牌規劃方案提交及時率	年	品牌規劃方案提交及時數/品牌規劃方案總數×100%	品牌部
2.品牌宣傳活動計劃完成率	年	品牌宣傳活動實際完成任務量/品牌宣傳活動總任務量×100%	品牌部
3.品牌策劃方案一次性通過率	年	品牌策劃方案一次性通過數/品牌策劃方案提交總數×100%	品牌部
4.品牌活動總結報告提交及時率	年	品牌活動總結報告提交及時數/品牌活動總結報告提交總數×100%	品牌部
5.品牌價值增長率	年	(年終品牌價值數－年初品牌價值數)/年初品牌價值數 100%	品牌部
6.媒體正面曝光次數	季/年	在公眾媒體上發表宣傳企業品牌的新聞報導的次數	品牌部

2. **定性指標**

考核指標	考核週期	指標定義/公式	數據來源
1.品牌使用管理情況	年	無品牌錯用、濫用現象發生	品牌部
2.品牌規劃方案品質	年	主管對品牌規劃的滿意度評價	品牌部
3.品牌定位情況	年	企業品牌定位與實際的偏差	品牌部
4.品牌認知度	年	公眾對品牌的認知情況	品牌部
5.品牌信息收集的及時性	年	對競爭對手品牌信息的收集情況	品牌部

8 大客戶部績效指標

1. **定量指標**

考核指標	考核週期	指標定義/公式	數據來源
1.大客戶銷售計劃完成率	季/年	大客戶銷售計劃實際達成數/大客戶銷售計劃計劃完成數×100%	大客戶部
2.大客戶調研計劃完成率	季/年	大客戶調研計劃實際完成量/大客戶調研計劃計劃完成量×100%	大客戶部
3.大客戶流失數	月/季/年	大客戶流失數量	大客戶部
4.大客戶開發計劃完成率	季/年	大客戶開發計劃實際完成量/大客戶開發計劃計劃完成量×100%	大客戶部

續表

5.大客戶有效投訴次數	季/年	確因客服人員或企業過失造成客戶投訴的次數	大客戶部
6.大客戶意見回饋及時率	季/年	在標準時間內回饋客戶意見的次數/總共需要回饋的次數×100%	大客戶部
7.大客戶回訪率	季/年	實際回訪客戶數/計劃回訪客戶數×100%	大客戶部
8.服務費用控制	季/年	服務費用開支額/服務費用預算額×100%	財務部

2.定性指標

考核指標	考核週期	指標定義/公式	數據來源
1.大客戶信息檔案完整性	年	大客戶信息檔案完整、無缺	大客戶部
2.大客戶服務規範執行情況	年	客戶服務人員是否按照客戶服務方案執行	大客戶部
3.大客戶滿意程度	年	大客戶對服務的滿意度評價	大客戶部
4.解答客戶問題的及時性	年	在規定時間內對客戶提出的問題給予解答	大客戶部

9 區域市場部績效指標

1. 定量指標

考核指標	考核週期	指標定義/公式	數據來源
1. 區域市場開拓計劃完成率	季/年	區域市場開拓實際完成任務量/區域市場開拓計劃任務量×100%	區域市場部
2. 銷售計劃按時完成率	季/年	實際完成的銷售額/計劃銷售額×100%	區域市場部
3. 組織區域市場推廣活動次數	季/年	組織區域市場推廣活動的次數	區域市場部
4. 區域市場活動費用預算控制	季/年	市場活動實際費用開支/市場活動預算×100%	財務部
5. 市場策劃方案成功率	季/年	成功方案數/提交方案數×100%	區域市場部
6. 區域行銷計劃編制及時率	季/年	計劃編制及時的次數/計劃編制的總次數×100%	區域市場部

2. 定性指標

考核指標	考核週期	指標定義/公式	數據來源
1. 區域市場推廣活動的組織管理情況	年	區域市場推廣活動組織秩序井然、場面有序	區域市場部
2. 市場分析情況	年	市場分析報告與實際情況的差距	區域市場部
3. 市場調研狀況	年	市場調研是否按計劃進行	區域市場部
4. 市場企劃方案的針對性	年	市場企劃方案是否實用、可行	區域市場部
5. 市場信息收集的及時性	年	市場信息是否在規定時間完成收集	區域市場部

心得欄 ------------------------------

----

10 網路行銷部績效指標

1. 定量指標

考核指標	考核週期	指標定義/公式	數據來源
1.網路行銷計劃按時完成率	季/年	網路行銷計劃實際完成量/網路行銷計劃計劃完成量×100%	網路行銷部
2.網路行銷管道拓展計劃完成率	季/年	網路行銷管道拓展任務實際完成量/網路行銷管道拓展計劃完成量×100%	網路行銷部
3.網路推廣方案一次性通過率	季/年	網路推廣方案一次性通過數/網路推廣方案提交總數×100%	網路行銷部
4.客戶諮詢受理及時率	季/年	標準時間內受理客戶諮詢的次數/客戶諮詢的總次數×100%	網路行銷部
5.客戶有效投訴次數	季/年	確因行銷人員或企業過失造成客戶投訴的次數	網路行銷部
6.網路行銷費用控制	季/年	網路行銷活動實際費用開支/網路行銷活動預算×100%	財務部

2. 定性指標

考核指標	考核週期	指標定義/公式	數據來源
1. 網路行銷制度的規範性	季/年	網路行銷活動是否有制度可依，並具有可行性	網路行銷部
2. 網路行銷流程的合理性	季/年	網路行銷流程是否能夠提升企業的反應速度，降低風險	網路行銷部
3. 網路用戶端信息管理的科學性	季/年	網路用戶端信息管理是否有效，有無丟失情況發生	網路行銷部
4. 網路行銷方案的可行性	季/年	網路行銷方案是否可行	網路行銷部

心得欄 --

----

11 電話銷售部績效指標

1. 定量指標

考核指標	考核週期	指標定義/公式	數據來源
1. 電話銷售計劃完成率	季/年	電話銷售計劃實際完成量/電話銷售計劃計劃完成量×100%	電話銷售部
2. 外呼性呼叫中心運營計劃完成率	季/年	運營計劃實際完成量/運營計劃計劃完成量×100%	電話銷售部
3. 電話銷售管道拓展計劃完成率	季/年	管道拓展計劃實際完成量/管道拓展計劃計劃完成量×100%	電話銷售部
4. 客戶回訪率	季/年	實際回訪客戶數/計劃回訪客戶數×100%	電話銷售部
5. 電話調研計劃完成率	季/年	電話調研計劃實際完成量/電話調研計劃計劃完成量×100%	電話銷售部
6. 客戶有效投訴次數	季/年	確因客服人員或企業過失造成客戶投訴的次數	電話銷售部
7. 客戶諮詢受理及時率	季/年	標準時間內受理客戶諮詢的次數/客戶諮詢的總次數×100%	電話銷售部
8. 平均回應時間	季/年	從客戶打進電話到電話接聽的平均用時	電話銷售部

2. 定性指標

考核指標	考核週期	指標定義/公式	數據來源
1. 電話銷售制度的規範性	季/年	電話銷售活動是否有制度可依，並具有可行性	電話銷售部
2. 電話銷售流程的合理性	季/年	電話銷售流程是否能夠提升企業的反應速度，降低風險	電話銷售部
3. 客戶信息管理的科學性	季/年	客戶信息管理是否有效，有無丟失情況發生	電話銷售部
4. 市場信息收集的及時性	年	市場信息是否在規定時間完成收集	電話銷售部

心得欄

12 銷售分公司績效指標

1. 定量指標

考核指標	考核週期	指標定義/公式	數據來源
1.銷售額	月/季/年	考核期內各項業務銷售收入總和	銷售分公司
2.銷售計劃達成率	季/年	實際完成的銷售額或銷售量/計劃完成的銷售額或銷售量×100%	銷售分公司
3.年銷售增長率	年	(當年銷售額－上一年銷售額)/上一年銷售額×100%	財務部
4.銷售回款率	季/年	實際回款額/計劃回款額×100%	財務部
5.銷售費用率	季/年	銷售費用額/銷售額×100%	財務部
6.市場佔有率	季/年	當期企業某種產品的銷售額或銷售量/當期該類產品市場銷售總額或總量×100%	銷售分公司
7.客戶有效投訴次數	季/年	確因銷售人員或企業過失造成客戶投訴的次數	銷售分公司
8.客戶回訪率	季/年	實際回訪客戶數/計劃回訪客戶數×100%	銷售分公司

2. 定性指標

考核指標	考核週期	指標定義/公式	數據來源
1.客戶滿意程度	季/年	客戶對銷售工作或銷售產品的滿意程度	銷售分公司
2.貨款單據辦理的及時性	季/年	無因單據延遲造成銷售失敗的事件	銷售分公司
3.銷售合約、檔案資料管理的科學性	季/年	無銷售合約、檔案資料丟失的情況發生	銷售分公司
4.銷售報表的準確性和完整性	季/年	銷售報表數據無錯項、無漏項	銷售分公司

心得欄 --

第三章

關鍵績效考核(KPI)指標

1 KPI的確定

KPI(Key Performance Indication)指的是企業中員工的關鍵業績指標。關鍵業績指標是根據每個部門和每一位員工在企業中的不同責任來確定的，它通常以部門的職能分解表和員工的職位說明書作爲基礎性文件。也就是說，員工績效考核的關鍵業績指標應與其職位說明書保持一致，關鍵業績指標應當從其職位說明書中選擇，並結合其所在部門的職能分解表進行確定。

在選擇關鍵業績指標時，並非職位說明書中所規定的全部職責均納入關鍵業績指標範圍。根據企業的特點，一個員工的關鍵業績指標一般以 4～8 項爲宜。太多，員工的壓力無疑增大，而且考核起來也比較繁瑣;太少，不易於真正體現出員工的工作業績。

2 績效考核的技術方法

目前，在實施績效考核效果較佳的企業中，一般採用下列技術方法來進行：

1.分類評估法；

2.關鍵事件法；

3.排隊法；

4.目標管理法；

5.自我評估法。

企業在具體進行績效考核時，通常不是單一地採取一種方法，而是兩種或兩種以上的方法並用。

心得欄

3 績效考核的實施步驟

企業的績效考核，可以按照下圖所示的步驟進行。

企業績效考核考核步驟

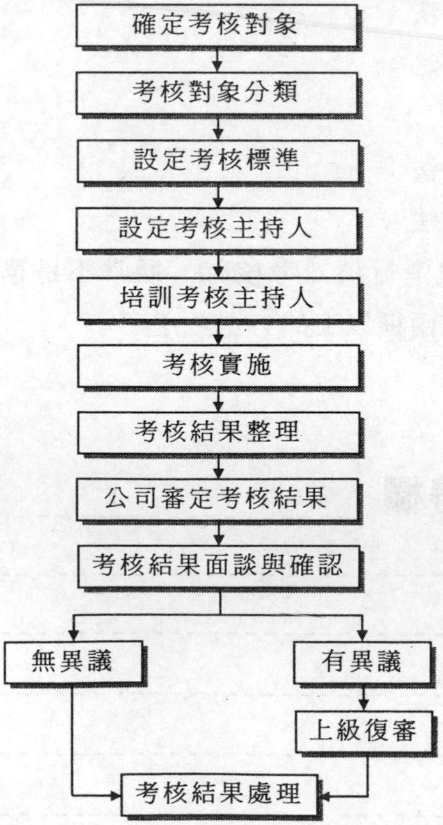

4 確定考核對象並分類

一般來說，企業實行績效考核的對象應當是企業正式在冊的人員，而下列人員通常不劃爲績效考核的對象：

1.兼職、特約人員；

2.因長期缺勤等原因，評定期間出勤不滿 2 個月者；

3.其他勤雜人員。

考核的對象通常分爲高層管理人員、中層管理人員、普通職員三大類：

1.高層管理人員主要是指公司的經營決策層，包括總經理、總監等人員；

2.中層管理人員主要是指公司的中間管理層，包括總部職能部門的負責人、下屬銷售分公司的經理和副經理等；

3.普通職員主要是指公司基層的管理人員，包括各職能部門的主管和科員、下屬銷售分公司的一般工作人員。

5 設定績效考核標準

1.工作業績考核標準的設定

工作業績標準的設定，主要是選取定量、客觀的指標。如銷售處處長的績效考核指標，宜設定銷售業績、銷售業績增長率等指標，而對於一些不易量化的指標應當儘量避免。

2.工作能力與態度標準的設定

工作態度、能力的標準主要是一些定性化的指標，難以進行量化，缺乏一定的客觀性，不太容易進行考核。所以我們一般將工作態度、能力作爲績效考核中的一個參考因素，而並不作爲主要因素來對待。

心得欄

6　考核主持人的確定與培訓

一般來說考核的主持人應由被考核者的直接上級擔當。當被考核人對考核的結果有異議時，則由更高一級的領導進行考核，如兩次考核的結果不一致，以更高一級領導考核的結果爲准。

爲了更好地推行績效考核，企業還應對各級考核的主持人進行培訓。通過培訓實現績效考核的真正作用。

1.培訓考核主持人的內容

培訓考核主持人的內容包括如下幾個方面：

(1)理解目標考核制度的結構；

(2)確認考核規定；

(3)理解考核內容與項目；

(4)統一考核標準。

2.培訓考核主持人的目的

培訓考核主持人，對企業來說，應當達到以下目的，才能稱爲是成功的培訓：

(1)理解考核在人事管理系統中的地位和作用；

(2)把握人事考核的實施方式和規則；

(3)統一考核者相互間的考核標準與水準；

(4)理解考核內容和考核要素，尤其是把握「能力」是什麼；

(5)消除失誤和偏見，以及「誤區」和「陷阱」。

7 績效考核實施

在績效考核的具體實施過程中，一般分爲被考核人述職和考核主持人進行考核兩個步驟。

被考核人述職是指被考核人當面向考核主持人介紹本次考核期內的工作情況，主要陳述完成工作的過程、方法，以及取得的業績等內容。

考核主持人進行考核是指考核主持人根據被考核人平時工作表現和工作中所取得的業績，結合被考核人述職的情況，對被考核人在本次考核期內的工作做出全面、客觀的評價。考核主持人進行考核應當按照事先確定的考核標準進行，並且評出相應的分數。

考核主持人進行考核後應當及時將有關資料上交公司的相關領導和部門，公司相關部門應當及時匯總、審定考核的結果，以避免考核中出現的不公正的情況。如果審定的結果與考核主持人考核的結果相一致，那麼，相關的考核資料應及時進行存檔。如果審定結果與考核主持人的考核結果有出入，原始考核記錄與得分也不應更改，並且應與最終的考核結果一起存檔。

8 考核結果面談

在績效考核結束後，應當及時將考核的結果通知被考核人。這樣可以使被考核人及時知道公司對自己工作的評價，認識到自己工作中存在的不足和缺陷，同時使被考核人確認考核的結果。

通知被考核人考核的結果一般以考核主持人向被考核人面談的方式進行。在面談的過程中，考核主持人應當注意以下幾方面：

1.主角爲部下，上級爲配角。上級要收回平日的威嚴，在平等的立場上進行商討；

2.先談部屬的優點，再談工作中需改進的地方；

3.在提出評估之前，先讓部屬說出自己的看法；

4.和部屬之間輪流發言，不要制止部屬發言；

5.對於個人問題，要謹慎待之，不要勉強詢問、過深探索；

6.勿將考核與工資混爲一談；

7.避免算舊賬；

8.不要與他人作比較；

9.儘量不要囉唆，不要說教；

10.談話期間不受干擾。

9 考核結果處理

每一次績效考核後，除動態工資按照事先的約定進行兌現外，考核主持人應當與相關部門進行分析，看看那些員工應當進行培訓，以提高其業務水準；那些員工不適合現有的工作崗位，但可能適合其他的工作，這樣就應考慮對該員工進行調轉；那些員工在工作中表現優異，應當晉升或提薪；又有那些員工已經不適應本企業發展的需要，應當及時進行解聘、辭退處理。

總之，對考核結果的處理既要果斷，又要慎重，要真正做到處理結果與員工績效考核結果相一致，使公司大多數員工對考核和考核結果處理達到滿意。

心得欄

第四章

銷售部門職位說明書

1 營銷經理職位說明

營銷經理職位說明書

職位名稱	營銷經理	職位代碼		所屬部門	營銷部
職系		職等職級		直屬上級	營銷總監
晉升方向	營銷總監	候選管道		輪轉崗位	
薪金標準		填寫日期		核准人	

工作內容：

- 負責主持本部門的全面工作，組織並督促部門人員全面完成本部門職責範圍內的各項工作任務。
- 貫徹落實本部門崗位責任制和工作標準，密切與生產、人事、計劃、財務、質量等部門的工作聯繫，加強與有關部門的協作配合工作。

續表

•組織制定產品銷售、入庫、出庫、在倉保管制度。明確銷售工作標準，建立健全銷售管理網路，認真做好協調、指導、調度、檢查、考核工作。 •負責組織編制年、季、月銷售計劃，適時合理地簽訂供貨合約，確保銷售計劃指標完成，節約銷售費用，及時回籠資金，加速公司資金週轉。 •加強倉庫管理基礎工作。認真辦理產品出入庫手續，定期進行清倉盤點工作，做好在庫產品的安全消防工作。 •負責編制銷售統計報表。做好銷售統計、核算等基礎管理工作，建立和規範各種原始記錄、統計台賬、報表的核算程序，匯總填報年、季、月銷售統計報表，及時填寫銷售統計分析報告，爲公司領導決策服務。 •負責駐外分公司、營銷網點銷售調度及運輸工作。及時匯總編制產品需求量計劃，合理平衡產品供貨，做好對外銷售點聯絡工作，組織產品的運輸、調配，完善發運過程的交接手續。 •負責抓好市場調查、分析和預測工作。做好市場訊息的收集、整理和反饋，掌握市場動態，積極適時、合理有效地開闢新的經銷網點，努力拓展業務管道，不斷擴大公司產品的市場佔有率。 •負責做好優質服務、售後服務工作。加強對營業人員的教育，走訪用戶，及時處理用戶投訴，提高企業信譽。 •負責抓好營銷人員的考核、考評與管理教育工作。關心營銷人員的生活及動態，做好耐心細緻的教育工作，杜絕犯罪事件發生。 •向主管提議下屬科長、經理人選，對其工作考核評價。 •按時完成公司領導交辦的其他工作任務。
權責範圍：
•對自己管理範圍內的營銷部門工作全面負責。 •負責全面主持營銷工作的指揮、指導、協調、監督管理的權力，並承擔執行公司規程及工作指令的義務。

續表

任職資格：

教育背景：

• 具有大專以上的文化程度和營銷專業知識。

培訓經歷：

• 受過經濟法、管理學基本原理、戰略管理、管理能力開發、企業運營流程、財務管理、公司產品的一般知識等方面的培訓；具有中級會計師以上職稱。

工作經驗：

• 在營銷領域具有豐富的專業理論及實踐經驗；兩年以上成功的營銷管理經歷；3 年以上一線工作及營銷策劃工作。

職業技能：

• 具有全面的營銷專業知識、市場運作及營銷策劃經驗。

• 精通市場營銷活動策劃，善於組織策劃營銷推廣活動。

• 良好的中英文口頭及書面表達能力。

• 有良好的媒體、市場關係，有良好的市場關係處理的能力。

職業素質：

• 獨立工作能力強，應變能力突出，具備團隊精神。

• 思維敏捷，工作認真，有較強的敬業精神。

• 對市場有敏銳的認識，能有效把握市場發展趨勢，能預見市場的一般動態。

• 有較強的溝通協調能力。

• 有良好的紀律性、團隊合作以及開拓創新精神。

2 營銷經理助理職位説明

營銷經理助理職位説明書

職位名稱	營銷經理助理	職位代碼		所屬部門	營銷部
職　　系		職等職級		直屬上級	營銷經理
晉升方向	營銷經理	候選管道		輪轉崗位	
薪金標準		填寫日期		核 准 人	

職位概要：

• 協助營銷經理完成營銷部相關日常事務性工作。

工作內容：

• 協助經理完成年、月銷售回款任務和市場開拓任務。

• 負責上傳下達，協助經理管理業務代表；收集整理市場情報資訊、業務代表各種業務報表、報告；編寫和管理經營部文件，定期編發「市場營銷簡報」

• 負責銷售統計，編制和報送銷售業務報表。

• 協助經理做好與代理商的日常溝通服務工作，負責合約執行；負責建立代理商檔案。

• 負責車輛管理。

• 完成營銷經理交辦的任務。

續表

權責範圍： ・依法行使企業理財自主權，並對企業的盈虧負直接經營責任。 ・領導企業營銷管理和會計核算，保證核算資料合法、真實、準確、完整，在企業營銷報告上簽名或蓋章。 ・對職代會或董事會負責，行使理財權，接受企業內部審計及國家財政、稅務、審計機關的監督，並依法委託獨立審計機構進行委託責任審計。
任職資格： 教育背景： ・市場營銷、企業管理或相關專業大專以上學歷。 培訓經歷： ・受過市場營銷、公共關係等方面的培訓。 工作經驗： ・3年以上營銷領域相關工作經驗，本部門副職工作半年以上。 職業技能： ・熟悉公司產品及相關產品的市場行情。 ・能夠撰寫市場調查報告。 ・具有較強的管理協調能力，及文書寫作與檔案管理能力。 ・熟練操作辦公軟體。 職業素質： ・工作細緻、認真負責。 ・獨立工作能力和團隊合作精神。 ・具有敬業精神。

3 客戶服務經理職位說明

客戶服務經理職位說明書

職位名稱	客戶服務經理	職位代碼		所屬部門	營銷部客戶部門
直屬上級	營銷經理	管轄人數		職等職級	
晉升方向	營銷經理	候選管道	大區經理	輪轉崗位	銷售經理
降級職位	客戶代表	填寫日期		核准人	

工作內容：

- 根據業務需要和客戶代表實際技能水準對客戶代表進行培訓、激勵、評價和考核。
- 根據客戶的要求對公司產品進行售後服務和維護管理。
- 根據客戶的分類和接待客戶管理規定，來負責客戶接待管理工作。
- 根據客戶的需要，安排人員上門維修服務並做好工作記錄。
- 負責上門服務的工作質量。
- 擬好客戶檔案資料管理工作。
- 對客戶代表的職業道德和形象進行輔導和教育。
- 做好維修工具的領用保管與登記管理。
- 參與公司營銷策略的制定。
- 積極配合銷售部門開展工作。

續表

權責範圍： • 本部門員工考核權。 • 部門員工調薪建議權。 • 售後服務人員任免建議權。 • 有對下屬人事推薦權和考核、評價權。
任職資格： 教育背景： • 市場營銷或相關專業本科以上學歷。 培訓經歷： • 受過市場營銷、產品知識、產業經濟、公共關係等方面的培訓。 工作經驗： • 5 年以上相關工作經驗。 職業技能： • 溝通協調能力強。 • 優秀的溝通、演示技巧。 • 較強的組織協調能力、培訓技能。 • 扎實的分析技巧及策略規劃的變通技巧。 職業素質： • 獨立工作能力強，應變能力突出，具備團隊精神。 • 認真、負責、嚴於律己，積極主動、刻苦，忠於業務。 • 有較強的溝通協調能力。 • 有良好的紀律性、團隊合作以及開拓創新精神。

4 公關經理職位說明

公關經理職位說明書

職位名稱	公關經理	職位代碼		所屬部門	營銷部
直屬上級	營銷經理	管轄人數		職等職級	
晉升方向	營銷經理	候選管道		輪轉崗位	銷售部經理
降級職位		填寫日期		核 准 人	

職位概要：

• 主持制定與執行市場公關計劃，監督實施公關活動。

工作內容：

• 全面負責市場公關計劃的制定和執行，配合公司項目，提供公關方面支持。

• 負責市場公關活動的策劃與監督實施。

• 負責公司名譽管理和危機處理。

• 定期提交公關活動報告，並對市場整體策略提供建議。

• 建立媒體數據庫並維繫緊密的媒體關係，參與制定及實施公司新聞傳播計劃。

• 提供客戶開拓及促銷、聯盟、業務拓展等的公關支持。

• 進行公關文檔的建立和管理，公司相關新聞稿的撰寫工作。

續表

任職資格： 教育背景： ・公共關係、新聞、管理相關專業本科以上學歷。 培訓經歷： ・受過市場營銷、公共關係、產品知識等方面的培訓。 工作經驗： ・至少兩年以上市場、新聞媒體工作經驗；有擔任過 1 年以上公關經理的經驗 3 年以上市場管理、新聞媒體工作經驗，有大型外企或知名品牌推廣經驗者優先。 技能技巧： ・策劃、制定公司整體形象以及產品推廣公關計劃並實施。 ・獨立完成新聞宣傳計劃或與相關公司合作，實施新聞宣傳的監督及效果的評估。 ・創建並維護公司的媒介資源網路，建立與政府部門、大客戶良好的溝通管道以及和有關部門的良好關係。 ・有較強的市場感知能力，有敏銳地把握市場動態、市場方向的能力。 ・較強的語言和文字表達能方。 ・熟練操作辦公軟體。 職業素質： ・高度的工作責任心和工作熱情。 ・良好的團隊合作精神，較強的觀察力和應變能力，優秀的人際交往和協調能力，極強的社會活動能力。

5 管道經理職位說明

管道經理職位說明書

職位名稱	管道經理	職位代碼		所屬部門	營銷部
直屬上級	營銷總監	管轄人數		職等職級	
晉升方向	營銷總監	候選管道		輪轉崗位	
降級職位		填寫日期		核准人	

職位概要：

・建立與管理產品銷售管道，提供服務支援，拓展企業客戶。

工作內容：

・對「重要客戶」進行開拓、溝通與管理，制定合作方案。

・執行銷售和市場推廣方案。

・制定管道策略，提供管道服務支援。

・及時溝通客戶，反饋市場訊息，作出處理意見。

・協助大區經理開拓、溝通和管理各區域的重要客戶。

權責範圍：

・權力：有獨立許可權。負責建立和管理銷售隊伍，開拓和維護大客戶。

・責任：對崗位工作的具體項目負直接責任，如給公司帶來損失應負相應的責任和行政責任。

續表

任職資格：

教育背景：

・市場營銷或相關專業本科以上學歷。

培訓經歷：

・受過市場營銷、管理學、產品知識等方面的培訓。

工作經驗：

・3年以上管道管理工作經驗。

技能技巧：

・對市場營銷工作有深刻瞭解。

・良好的管道客戶關係管理。

・熟悉產品市場營銷管道開發和建設，熟悉管道管理、維護與拓展。

・熟練操作辦公軟體。

職業素質：

・有良好的表達能力及策劃能力。

・思路清晰，成熟穩重，坦誠自信，有高度的工作熱情，親和力強。

・有良好的團隊合作精神及獨立工作能力，有敬業精神。

・能在壓力下工作並承擔巨大責任。

・良好的分析、策劃、組織能力。

6 銷售代表職位說明

銷售代表職位說明書

職位名稱	銷售代表	職位代碼		所屬部門	銷售部
直屬上級	銷售經理	管轄人數		職等職級	
晉升方向	經理	候選管道		輪轉崗位	
薪金標準		填寫日期		核 准 人	

職位概要：

・建立、維護、擴大銷售終端，完成分銷目標、分銷計劃。

工作內容：

・爲所轄區域內零售市場提供專業性支援工作。

・在本轄區內建立分銷網及擴大公司產品覆蓋率。

・按照企業計劃和程序開展產品推廣活動，介紹產品並提供相應資料。

・對所管轄的零售店進行產品宣傳、入店培訓、貨品陳列、公關促銷等工作。

・建立客戶資料卡及客戶檔案，完成相關銷售報表。

・參加公司召開的銷售會議或組織的培訓。

・與客戶建立良好關係，維護企業形象。

任職資格：

教育背景：

・大專以上學歷，無專業限制。

續表

培訓經歷： ・受過市場營銷、產品知識等方面的培訓。 工作經驗： ・1年以上銷售經驗。 職業技能： ・熟悉市場營銷工作。 ・熟悉零售運作模式。 ・有地區銷售網路和銷售關係。 職業素質： ・為人正直，責任心強，積極主動，工作仔細認真。 ・樂觀進取，勤奮務實，願意嘗試挑戰性工作。 ・思路清晰，較強的溝通、協調能力。

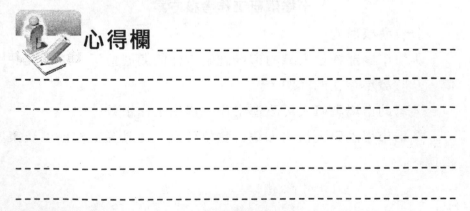

心得欄

第五章

銷售各部門考核指標量化

1 銷售部考核指標量化

一、市場部量化指標與考核方案設計

市場調研工作考核方案

(一)考核目的

1.對市場部經理組織的市場調研工作的開展情況予以客觀評價，及時發現存在的問題。

2.幫助市場調研人員改進工作，提高工作績效。

3.爲市場調研人員的加薪、職位晉升、獎勵等工作提供決策依據。

(二)考核內容

本方案僅對市場調研工作如下兩個方面進行考核。

1.市場調研工作的組織開展情況。

2.《市場調研報告》的提交情況。

(三)考核指標及計分規則

1.市場調研工作的組織開展情況

市場調研工作組織開展情況的考核指標及評分標準表

考核指標	考核頻率	考核對象	指標說明	考評標準
市場調研計劃完成率	月 季 年	市場部經理	及時組織開展並完成市場調研項目	市場調研計劃完成率＝實際完成的調研項目/計劃完成的調研項目×100% 1.目標值爲___% 2.達到此目標值時，得單項滿分 3.比目標值每提高___%，加1分；每降低___%，扣1分
收集市場信息的及時性、準確性	月	市場部所有工作人員	根據企業的實際需要快速收集市場信息並進行準確分析	1.工作基本不能按時完成，大部份信息不準確、不完整且不能提供太大幫助，得___分 2.工作有時不能按時完成，信息有時不準確、不完整，只能提供很小幫助，得___分 3.按時完成工作，信息準確完整，及時回饋相關信息且能提供一定的幫助，得___分 4.積極主動開展工作，信息準確完整，及時回饋相關信息且具備較好的實用效果，得___分

續表

				優	良	中	差
收集產品相關資料	月	市場部所有工作人員	爲銷售部等相關部門提供相關信息和建議	積極主動開展工作，信息提供準確、完整、及時，資料具有較大的實用效果	按時完成工作，信息準確、完整、及時，資料能提供一定的幫助	有時不能及時完成工作，信息不準確、不完整，資料只能提供很小的幫助	基本不能及時完成工作，信息大部份不準確、不完整，資料不能提供太大幫助
調研費用控制情況	季 年	市場部經理	合理使用調研費用，嚴格控制該費用的不合理支出	調研費用預算節省率＝1－實際發生的調研費用/調研費用預算額×100% 1.目標值≥0 2.實際節省率爲0時，可得單項滿分 3.每比0高0.1%，加____分；每比0低0.1%，扣____分			

市場調研工作應根據企業行銷戰略需要有計劃地組織開展和執行，並在該過程中合理地選擇調研方法和工具，有效利用調研經費。對市場調研工作的組織開展情況可設置以下四個考核指標，具體如上表所示。

2.《市場調研報告》的提交情況

對市場調研工作收集到的信息進行分析、整理，並形成《市場調研報告》，報告內容包括調研預案、客戶需求、市場容量分析、政策環境分析、產品銷售市場預測和競爭對手調查等。對《市場調研報告》的提交情況可設置的考核指標如表所示。

市場調研報告提交情況的考核指標及評分標準表

考核指標	考核頻率	考核對象	指標說明	考評標準
調研資料分析的及時性、準確性	依據調研項目開展進度確定	市場部所有工作人員	對調研資料進行整理分類，並進行科學合理地分析	1.經常不能按時分析市場調研資料，得____分 2.能夠按時分析調研資料，但欠準確，得____分 3.按時分析調研資料，且分析資料的準確性較高，得____分 4.全面、正確、按時分析調研資料，得____分 5.能在全面、正確分析調研資料的基礎上初步編寫《市場調研報告》，得____分
調研報告的行文品質	依據調研項目開展進度確定	市場部所有工作人員	所採用調研方法的科學性，報告各部份內容的全面性，內容分析的深度及針對性，建議的合理性	1.所採用的調研方法不太科學，存在較大誤差，所反映的問題未能切中實質，提出的建議參考性不大，得____分 2.調研報告構思較爲嚴謹，表達形式較好；所採用的調研方法較爲科學；調研報告所提的問題，能夠反映公司存在的大部份問題；所提出的行動方案，可選擇性地採用；調研報告所提出的建議，可大部份採納，得____分 3.調研報告結構嚴謹，表達形式極佳；所採用的調研方法極爲科學；對調研數據的處理方法極爲恰當；調研報告所反映的問題切中要害，有很強的針對性；所提出的行動方案可以直接使用；調研報告所提出的建議，可全部採用，得____分

續表

報告上交的及時率	依據調研項目的開展進度確定	市場部所有工作人員	調研工作完成後，提交符合要求的《市場調研報告》	《市場調研報告》上交的及時率＝及時上交調研報告數/應提交調研報告總數×100% 1.等於目標值，得___分 2.比目標值每降低___%，扣___分
調研報告對市場行銷工作所起的支援作用	依據調研項目的開展進度確定	市場部所有工作人員	市場調研工作開展的及時性及對市場行銷工作提供的支援作用	1.市場調研工作不夠及時，不能爲公司市場推廣工作提供有力的支援，得___分 2.通過市場調研瞭解一定的市場信息，能爲公司擬訂市場方案提供一定的支持，得___分 3.通過市場調研瞭解較詳細的市場信息，能爲公司制定有效的市場推廣策略提供一定的支援，得___分 4.通過市場調研瞭解詳盡的市場信息，並爲公司制訂有效的行銷計劃提供支持，得___分

(四)考核指標權重設定

上述考核指標的權重設定情況如表所示。

考核指標權重設定表

考核內容	權重(%)	考核指標	權重(%)
市場調研工作的組織開展情況	50	市場調研計劃完成率	15
		收集市場信息的及時性、準確性	15
		收集產品相關資料的及時性、準確性	10
		調研費用的控制情況	10

續表

《市場調研報告》的提交情況	50	調研資料分析的及時性、準確性	10
		調研報告的行文品質	15
		報告上交的及時率	10
		調研報告對市場行銷工作所起的支援作用	15

二、量化指標與考核方案設計

銷售部考核方案

(一)考核目的與適用範圍

1.考核目的

⑴正確評價銷售部門及銷售人員的工作績效，瞭解銷售部員工的工作態度和工作能力。

⑵為銷售部員工的職位晉升與調配、培訓機會、薪酬標準、年獎懲等提供依據。

⑶瞭解銷售部的培訓需求。

⑷從銷售部員工的角度，瞭解公司對自己工作的評價及期望，明確自己改進的方向，並找出提高績效水準的方法。

2.適用範圍

本方案適用於公司銷售部。

(二)考核週期

1.月考核

即每月考核一次，考核時間為每月 5 日，對上個月銷售部的工作績效進行考核。

2.季考核

即每季考核一次，考核時間爲該季結束後的下月 10 日前，對上季銷售部的工作情況進行考核。

3.年考核

即每年考核一次，考核時間爲每年 1 月 15 日前，對上一年銷售部的工作情況進行考核。

(三)考核小組

1.考核小組的構成

考核小組由銷售部主管領導、人力資源部主管領導、人力資源部經理和考核專員組成。

2.考核小組的職責

⑴制定並修改銷售部的考核制度和考核指標。

⑵組織、培訓、指導各項考核工作。

⑶監督、檢查考核的實施過程，對考核過程中的不規範行爲進行糾正、指導與處罰。

⑷匯總、計算、分析考核結果，報公司總經理審批後，向銷售部公開。

⑸處理相關考核申訴問題。

⑹整理考核檔案，作爲薪酬調整、職位升降、崗位調動、培訓、獎懲等的依據。

(四)考核指標及評分標準

公司績效考核可採用百分制，銷售部的具體考核指標、權重和評分標準如下表所示。

銷售部考核指標評分表

序號	考核指標	權重(%)	評分標準
1	銷售計劃完成率	25	1.銷售計劃完成率＝實際銷售額/計劃銷售額×100% 2.銷售計劃完成率≥100%時，得 30 分 3.銷售計劃完成率<100%時，每低___%扣___分 4.完成率低於___%時，該項得分爲 0
2	銷售賬款回收率	15	1.銷售賬款回收率＝實際回款額/計劃回款額×100% 2.賬款回收率≥___%時得 20 分，每低___%扣___分；賬款回收率低於___%時，該項得分爲 0
3	年銷售額增長率	10	1.年銷售額增長率＝(當年銷售額－上一年銷售額)/上一年銷售額×100% 2.年銷售額增長率≥___%時，得 10 分，每低___%扣___分；年銷售額增長率低於___%時，該項得分爲 0
4	利潤率	10	1.利潤率＝(銷售額－銷售費用)/銷售費用×100% 2.利潤率≥___%時得 15 分，每低___%扣___分；利潤率低於___%時，該項得分爲 0
5	壞賬率	5	1.壞賬率＝壞賬損失/主營業務收入×100% 2.壞賬率≤___%時得 10 分，每高___%扣___分；壞賬率高於___%時，該項得分爲 0
6	銷售費用節省率	5	1.銷售費用節省率＝(銷售費用預算－實際發生的銷售費用)/銷售費用預算×100% 2.銷售費用節省率≥___%時，得 5 分，每低___%扣___分；銷售費用節省率低於___%時，該項得分爲 0

續表

7	產品市場佔有率	5	1.產品市場佔有率＝當前產品銷售額/當前該類產品市場銷售額×100% 2.產品市場佔有率≥___%時，得5分，每低___%扣___分；產品市場佔有率低於___%時，該項得分爲0
8	銷售合約履行率	5	1.銷售合約履行率＝實際銷售額/合約簽訂銷售額×100% 2.銷售合約履行率≥___%時，得5分，每低___%扣___分；銷售合約履行率低於___%時，該項得分爲0
9	客戶滿意度	10	滿意度調查爲100分時，得10分，每低___分扣___分；客戶滿意度低於___分時，該項得分爲0
10	協作部門滿意度	5	滿意度調查爲100分時，得5分，每低___分扣___分；協作部門滿意度低於___分時，該項得分爲0
11	領導滿意度	5	滿意度調查爲100分時，得5分，每低___分扣___分；領導滿意度低於___分時，該項得分爲0
備註	上述數據來源於公司財務部、銷售部、人力資源部的相關記錄和文件資料		

(五)考核結果運用

1.銷售部考核結果將影響到公司對銷售部的月績效工資、季獎金和年終獎的發放。

2.績效考核結果將運用到對銷售部經理的績效考核當中去。

3.銷售部要根據績效考核結果，分析部門銷售工作中存在的問題，並及時解決。

4.公司要根據考核結果分析原因，必要時修改銷售計劃和銷售策略。

三、終端開發與管理考核方案

(一)目的

爲規範公司的終端建設，提高公司的銷售業績，提升公司產品在終端市場的表現，特制定本方案。

(二)使用範圍

本方案僅適用於銷售終端開發與管理的相關人員。

(三)考核時間

終端開發與管理的考核週期以月爲單位，具體時間在每月的2～4日。

(四)考核內容

1.公司對終端開發與管理的考核內容

終端開發與管理績效考核表

考核指標	分值	目標值	指標說明
終端銷售額	15	Ⅰ類產品___萬元	Ⅰ類產品銷售額每少___萬元，扣___分；考核結果少於___萬元時，該項得分爲0
	10	Ⅱ類產品___萬元	Ⅱ類產品銷售額每少___萬元，扣___分
	5	Ⅲ類產品___萬元	Ⅲ類產品銷售額每少___萬元，扣___分
終端覆蓋率	15	___%	1.終端覆蓋率＝完成終端數/規劃終端數×100% 2.考核結果每少___%，扣___分；低於___%時，得分爲0

續表

<table>
<tr><td rowspan="3">終 端
達成率</td><td>10</td><td>A終端___個</td><td rowspan="3">1.終端達成率＝達標個數/開發總數×100%
2. A終端每少___個，扣___分；低於___個時，得分爲0
3. B終端每少___個，扣___分
4. C終端每少___個，扣___分</td></tr>
<tr><td>5</td><td>B終端___個</td></tr>
<tr><td>5</td><td>C終端___個</td></tr>
<tr><td>終端客戶
流失率</td><td>10</td><td>___%</td><td>1.終端客戶流失率＝終端客戶流失個數/終端客戶總個數×100%
2.考核結果每少___%，扣___分；低於___%時，該項得分爲0</td></tr>
<tr><td>終端銷售
增長率</td><td>10</td><td>___%</td><td>1.終端銷售增長率＝終端季銷售額度/去年同期終端銷售額度×100%
2.考核結果每少___%，扣___分；低於___%時，該項得分爲0</td></tr>
<tr><td>開發效率</td><td>15</td><td>___%</td><td>1.開發效率＝(銷售量×提成比例－終端開發管理成本管理)/終端開發管理成本×100%
2.考核結果每少___%，扣___分；低於___%時，該項得分爲0</td></tr>
</table>

2. 銷售終端分類

根據其月銷售額度的不同劃分爲A、B、C三級，具體劃分標準如下。

(1) A類終端，月銷售額達_____萬元。

⑵ B 類終端，月銷售額達_____萬元。

⑶ C 類終端，月銷售額達_____萬元。

3. 銷售終端達標標準說明

公司根據市場狀況將終端劃分爲一級城市終端、二級城市終端及三級城市終端，具體標準如下。

⑴一級城市終端，月銷售額在 10～15 萬元，其中 A 類終端銷售額爲 15 萬元，B 類終端銷售額爲 12 萬元，C 類終端銷售額爲 10 萬元。

⑵二級城市終端，月銷售額在 5～9 萬元，其中 A 類終端銷售額爲 9 萬元，B 類終端銷售額爲 7 萬元，C 類終端銷售額爲 5 萬元。

⑶三級城市終端，月銷售額在 1～4 萬元，其中 A 類終端銷售額爲 4 萬元，B 類終端銷售額爲 2 萬元，C 類終端銷售額爲 1 萬元。

（五）考核結果應用

銷售終端開發與管理的考核結果應用於開發人員的薪酬調整、職位晉升及獎金發放等方面。

心得欄

四、大客戶部考核方案設計

大客戶部考核方案

(一)考核原則

1.公平、公正、公開原則

考核的方式、標準、結果等要如實向部門公開，考核過程要保持公正與客觀。

2.定量考核與定性考核相結合的原則

大客戶部的考核指標由定量指標和定性指標構成，將這個指標相結合可以全面考核大客戶部的工作績效。

3.結果回饋原則

考核結果要及時回饋給大客戶部，考核小組應當進行適當的解釋說明，使考核結果能夠得到部門的認可，從而積極改進部門工作。

(二)考核範圍

本方案適用於公司對大客戶部的考核工作。

(三)考核工作小組

大客戶部考核工作小組由人力資源部主管領導、大客戶部主管領導、人力資源部經理和績效專員組成。考核的最終結果由考核小組向公司總經理報告。

(四)考核週期及應用

1.月考核，於次月 10 日前進行，其結果作爲大客戶部經理工資的發放依據。

2.季考核，於該季結束後 10 日內進行，其結果將被運用到大客戶部季獎金的發放和大客戶部經理的年終考核當中。

3.年考核，於次年的 1 月 15 日之前進行，其結果將被運用到大客戶部年終獎金的發放和大客戶部經理的年終考核當中。

(五)考核指標構成與權重

大客戶部考核指標包括定量指標和定性指標，具體如表所示。

大客戶部考核指標分類表

考核指標		權重(%)	指標說明
定量指標(80%)	銷售額	15	考核期內大客戶銷售的總收入
	銷售計劃完成率	20	銷售計劃完成率＝實際銷售額/計劃銷售額×100%
	銷售額增長率	10	銷售額增長率＝(當年銷售額－上一年銷售額)/上一年銷售額×100%
定量指標(80%)	大客戶流失率	10	大客戶流失率＝(期初大客戶數＋新增大客戶數－期末大客戶數)/期初大客戶數×100%
	利潤率	10	利潤率＝(銷售額－銷售費用)/銷售費用×100%
	投訴問題解決率	5	投訴問題解決率＝已解決的投訴次數/投訴總數×100%
	費用節省率	5	費用節省率＝(大客戶銷售費用預算－實際發生的銷售費用)/大客戶銷售費用預算×100%
	新開發的大客戶數量	5	考核期內開發的有效大客戶數量

續表

定性指標(20%)	大客戶滿意度	10	大客戶對售前、售中、售後的服務品質的滿意程度
	協作部門滿意度	5	與大客戶部工作相關的公司其他部門對其的滿意程度
	公司領導滿意度	5	公司高層領導對大客戶部工作的滿意程度

(六)考核評分說明

大客戶部的考核結果採用百分制的形式，其評分規定如下。

1.定量指標評分規定

(1)評分依據

大客戶定量指標的評分依據來源於財務部的數據統計和部門內部的數據統計，由考核小組審核並確認。

(2)評分標準

大客戶部的定量指標評分依據如下表所示。

2.定性指標評分規定

(1)大客戶滿意度

大客戶滿意度調查由考核小組以隨機抽樣的形式進行，調查方式包括電話訪問、電子郵件、郵寄問卷等。

①大客戶根據實際情況，按照《大客戶滿意度調查問卷》的內容，進行逐項評分。

②問卷滿分爲 100 分，基準滿意度爲 80 分。若問卷的平均得分爲 75 分，則該項考核得分爲(75/80)×100×10%＝9.375 分。

大客戶部定量指標評分標準

定量指標	權重(%)	評分標準
銷售計劃完成率	20	1.銷售計劃完成率≥100%時，得30分 2.銷售計劃完成率<100%時，每低___%扣___分 3.銷售計劃完成率低於___%時，該項得分爲0
銷售額	15	銷售額≥___元時得15分，每低___元扣___分；銷售額低於___元時，該項得分爲0
銷售額增長率	10	銷售額增長率≥___%時，得10分，每低___%扣___分；銷售額增長率低於___%時，該項得分爲0
大客戶流失率	10	大客戶流失率≤___%時，得10分，每高___%扣___分，大客戶流失率高於___%時，該項得分爲0
利潤率	10	利潤率≥___%時，得10分，每低___%扣___分；利潤率低於___%時，該項得分爲0
投訴問題解決率	5	投訴問題解決率≥___%時，得5分，每低___%扣___分；解決率低於___%時，該項得分爲0
費用節省率	5	費用節省率≥___%時，得5分，每低___%扣___分；費用節省率低於___%時，該項得分爲0
新開發的大客戶數量	5	開發有效的新大客戶___個時，得5分，每低___個扣___分；新開發的大客戶數低於___個時，該項得分爲0

⑵協作部門滿意度和領導滿意度

①協作部門滿意度和領導滿意度評分由協作部門負責人及相關領導做出。

②滿意度評分按照百分制的形式，基準分爲 80 分。如部門滿意度得分爲 70 分，則該項考核得分爲(70/80)×100×5%＝4.375 分。

(3)考核期內如發生重大投訴事件，則客戶滿意度得分爲 0。

(4)部門內如發生重大違紀現象，需經公司經營辦公會議討論，最終確定協作部門滿意度得分和領導滿意度得分。

五、直銷部考核方案設計

直銷部考核方案

(一)考核小組

1.直銷部考核小組由銷售總監、人力資源部主管領導、人力資源部經理、績效專員構成。

2.考核小組主要負責制定直銷部考核指標和實施細則，監督考核工作的具體實施，匯總分析考核結果等。

(二)考核對象

直銷部及部門員工。

(三)考核時間

1.季考核，於該季結束後 5 日內進行。

2.年考核，於次年 1 月 10 日前進行。

(四)考核內容與指標設計

考核小組根據直銷部的考核內容設計相關考核指標，具體如表所示。

直銷部考核指標分類表

考核內容	考核指標	指標說明	權重(%)	來源
業績考核	銷售量	考核期內完成的銷售量	25	直銷部
	新客戶數	考核期內新增的有效客戶數	10	直銷部
	團隊新增人數	當期新加入直銷團隊的人數	15	直銷部
業績考核	銷售增長率	銷售增長率＝(當期銷售額－上期銷售額)/上期銷售額×100%	10	財務部
	費用率	費用率＝實際發生的銷售費用/銷售收入×100%	15	財務部
	客戶投訴問題解決率	客戶投訴問題解決率－客戶投訴解決次數/客戶投訴次數×100%	5	直銷部
管理績效考核	部門培訓計劃完成率	部門培訓計劃完成率＝實際完成的培訓數/計劃培訓數×100%	5	人力資源部
	部門核心員工保有率	部門核心員工保有率＝(期末核心員工數－期內新晉核心員工數)/期初核心員工數×100%	5	人力資源部
	客戶滿意度	客戶對直銷活動及服務的滿意程度	5	市場部、直銷部
	領導滿意度	公司領導對直銷部工作的滿意程度	5	部門主管領導

(五)考核評分

考核小組按評分標準進行評分,直銷部考核評分表如表所示。

(六)考核結果運用

考核結果可運用到部門獎金的發放、培訓機會的提供、直銷部經理的考核等工作當中。

直銷部考核評分表

考核內容	考核指標	權重(%)	評分標準	評分
業績考核	銷售額	25	1.目標值爲___元,達到此目標值,得 25 分 2.每低___元扣___分,每高___元加___分 3.銷售額低於___元時,該項得分爲 0	
	新客戶數	10	1.目標值爲___個,達到此目標值,得 10 分 2.比目標值每少 1 個客戶扣___分,每多 1 個客戶加___分 3.新客戶數低於___個時,該項得分爲 0	
	團隊新增人數	15	1.目標值爲___個,達到此目標值,得 15 分 2.每低___個扣___分,每高___個加___分 3.團隊新增人數低於___時,該項得分爲 0	
	銷售增長率	10	1.目標值爲___%,達到此目標值,得 10 分 2.每低___%扣___分,每高___%加___分 3.銷售增長率低於___%時,該項得分爲 0	
	直銷費用率	15	1.目標值爲___%,達到此目標值,得 15 分 2.每高___%扣___分,每低___%加___分 3.直銷費用率高於___%時,該項得分爲 0	
	客戶投訴解決率	5	1.目標值爲___%,達到此目標值,得 5 分 2.每低 1%扣___分,每高 1%加___分 3.客戶投訴解決率低於___%時,該項得分爲 0	

續表

管理績效考核	部門培訓計劃完成率	5	1.目標值爲___%，達到此目標值，得5分 2.每低___%扣___分 3.部門培訓計劃完成率低於___%時，該項得分爲0	
	部門核心員工保有率	5	1.目標值爲___%，達到此目標值，得5分 2.每低___%扣___分 3.部門核心員工保有率低於___%時，該項得分爲0	
	客戶滿意度	5	1.目標值爲___分，達到此目標值，得5分 2.滿意度每低___分扣___分，每高___分加___分 3.客戶滿意度低於___分時，該項得分爲0	
	領導滿意度	5	1.目標值爲___分，達到此目標值，得5分 2.滿意度每低___分扣___分，每高___分加___分 3.領導滿意度低於___分時，該項得分爲0	

心得欄

六、促銷部考核方案設計

促銷部考核方案

(一)適用範圍

本方案適用於公司對促銷部的部門考核工作。

(二)考核小組

1.構成

考核小組組長是人力資源部主管領導，組員包括人力資源部經理、考核專員和銷售部經理等。

2.職責

⑴人力資源部主管領導

負責統籌安排促銷部績效考核工作，審核考核指標的建立、修改流程，並審批最終考核結果。

⑵人力資源部經理

①制定並修改考核細則和考核規範。

②指導促銷部績效考核工作。

③監督、檢查考核實施過程，糾正、指導與處罰考核過程中的不規範行為。

④匯總、計算、分析考核結果，經主管領導審批後，向促銷部公開。

⑤處理相關考核申訴問題，報主管領導審核，按公司規定處理。

⑶考核專員

①參與制定並修改促銷部考核細則和考核指標。

②實施促銷部績效考核各項工作。

③監督、檢查考核實施過程，收集整理考核過程中出現的問題及相關人員的意見，及時上報人力資源部經理。

④匯總、計算、分析考核結果。

⑤協助人力資源部經理處理相關考核申訴問題。

⑥整理歸檔考核資料，作爲薪酬調整、職務升降、崗位調動、培訓、獎懲等的依據。

⑷銷售部經理

協助人力資源部對促銷部進行考核，如考核指標的建立與修改、考核的實施、考核評分等。

(三)考核指標設計

1.指標設計

考核小組根據公司實際情況、市場環境等，在促銷部的配合下，制定促銷部的考核指標和權重。促銷部的考核指標分類如下表所示。

2.指標修改

⑴當出現市場重大變化、公司銷售策略變化、產品結構變化等情況而影響促銷活動時，考核小組鬚根據具體情況修改考核指標，經公司總經理審批後執行。

⑵促銷部在考核工作中如發現問題或有合理意見，須及時與考核小組溝通協調並解決。

促銷部考核指標分類表

考核指標		權重(%)	指標說明/公式
定量指標(70%)	促銷計劃完成率	15	促銷計劃完成率＝實際完成的促銷次數/計劃促銷次數×100%
	促銷方案預期目標達成率	15	促銷方案預期目標達成率＝經驗證達到預期目標的促銷方案數/促銷方案總數×100%
	因促銷活動引起的銷售額增長率	10	因促銷活動引起的銷售額增長率＝(活動後當月銷售額/活動前當月銷售額－1)×100%
	促銷活動效費比率	10	促銷活動效費比率＝(活動後當月銷售額－活動前當月銷售額)/實際發生的促銷費用×100%
	宣傳品製作完成率	10	宣傳品製作完成率＝完成宣傳品製作種類/計劃宣傳品製作種類×100%
	促銷費用節省率	5	促銷費用節省率＝(促銷費用預算－實際發生的促銷費用)/促銷費用預算×100%
	產品市場佔有率	5	產品市場佔有率＝當前產品銷售額/當前該類產品市場銷售額×100%
定性指標(30%)	品牌推廣度	10	通過促銷活動，擴大公司品牌及產品的知名度
	客戶滿意度	10	客戶對促銷活動及相關服務的滿意程度
	協作部門滿意度	5	促銷協作部門對促銷部工作的滿意程度
	公司領導滿意度	5	公司高層領導對促銷部工作的滿意程度

(四)考核評分標準

根據促銷部的考核指標體系，由考核小組制定評分標準，並向相關部門進行解釋。

1. 定量指標評分

定量指標的評分依據是促銷工作的相關數據統計，具體數據由財務部和促銷部提供。具體評分方案如下。

促銷部定量指標考核評分標準

定量指標	權重(%)	評分標準
促銷計劃完成率	15	1.促銷計劃完成100%，得15分 2.促銷計劃完成率<100%，每低__%扣___分 3.促銷計劃完成率<__%時，該項得分爲0
促銷方案預期目標達成率	15	促銷方案預期目標達成率≥___%，得15分，每低___%扣___分；促銷方案預期目標達成率低於___%時，該項得分爲0
因促銷活動引起的銷售額增長率	10	銷售額增長率≥___%，得10分，每低___%扣___分；銷售額增長率低於___%時，該項得分爲0
促銷活動效費比率	10	促銷活動效費比率≥___%，得10分，每低___%扣___分；促銷活動效費比率低於___%時，該項得分爲0
宣傳品製作完成率	10	宣傳品製作完成率≥___%，得10分，每低___%扣___分；宣傳品製作完成率低於___%時，該項得分爲0
促銷費用節省率	5	促銷費用節省率≥___%，得5分，每低___%扣___分；促銷費用節省率低於___%時。該項得分爲0
產品市場佔有率	5	產品市場佔有率≥___%，得5分，每低___%扣___分；產品市場佔有率低於___%時，該項得分爲0

2. 定性指標評分

(1)品牌推廣度品牌推廣度得分由促銷部對促銷前後客戶對公司品牌、產品的識別、認知情況進行調查後得出。

①品牌推廣度調查由促銷部進行抽樣問卷調查，調查方式包括現場問卷填寫、電話訪問、電子郵件等。

②問卷滿分爲 100 分，基準分數爲 90 分，若問卷的平均得分爲 85 分，則該項考核得分爲(85/90)×100×10%＝9.444 分。

(2)客戶滿意度

客戶滿意度調查由促銷部進行抽樣問卷調查，調查方式包括現場問卷填寫、電話訪問、電子郵件、郵寄問卷等。

①客戶可根據實際情況，按照《客戶滿意度調查問卷》的內容逐項評分。

②問卷滿分爲 100 分，基準分數爲 90 分，若問卷的平均得分爲 75 分，則該項考核得分爲(75/90)×100×10%＝8.333 分。

(3)協作部門滿意度和領導滿意度

①協作部門滿意度和領導滿意度評分由協作部門負責人和相關領導負責。

②按照百分制打分，基準分數爲 90 分，如協作部門滿意度得分爲 70 分，則該項考核得分爲(70/90)×100×5%＝3.889 分。領導滿意度得分計算方法與協作部門滿意度得分的計算方法相同。

(4)評分注意事項

考核期內如發生重大客戶投訴或部門內發生重大違紀現象，可由公司經營辦公會議討論結果並確定滿意度得分，考核小組由此計算總考核得分。

（五）考核實施

1.考核時間

公司對促銷部的考核分爲月考核、季考核、年考核，其考核時間安排如下。

⑴月考核，於次月 10 日之前進行。

⑵季考核，於季結束後 10 日內進行。

⑶年考核，於次年的 1 月 15 日之前進行。

2.考核依據

⑴定量指標數據來源於財務部相關促銷銷售額、費用統計和促銷部促銷活動相關數據。

⑵客戶滿意度問卷調查結果。

⑶市場調查品牌、產品的推廣、認知情況。

⑷協作部門與公司領導的評價。

3.考核評分

根據考核評分標準，相關人員逐項評分，由考核小組匯總、統計促銷部考核得分。

4.考核結果公開

考核小組將考核結果報公司總經理審批後，將考核結果向促銷部及其部門人員公開。

5.考核面談

促銷部主管領導與促銷主管進行面談，分析考核結果，就考核結果達成一致，提出部門工作的改進意見，明確下一步工作目標。

(六)考核結果運用

1.公司根據促銷部考核結果，結合考核制度、薪酬制度、獎懲制度等規定，發放促銷部工資和獎金。

2.促銷部考核結果直接影響到促銷主管的業績考核，影響其繼任、晉升等人事決策。

七、導購部考核方案設計

商品導購事項考核方案

(一)目的

爲加強導購部在商品導購過程中的管理工作，確保銷售任務順利完成，特制定本方案。

(二)考核頻率

對商品導購事項的考核，每季進行一次，一年四次。

(三)工作內容

1.監督導購任務的執行情況，確保按時完成導購部的銷售任務。

2.及時發現滯銷商品，分析商品滯銷原因，制定合適的對策。

3.定期收集銷售數據，及時提交《銷售分析報告》。

4.及時處理在商品導購過程中發現的問題。

(四)考校指標設計

根據商品導購事項，設計出如表所示的《商品導購事項考核表》。

商品導購事項考核表

考核指標	權重(%)	考核標準	評分
銷售額	25	1.考核期內銷售額目標值爲___萬元 2.達到目標值時，得滿分；每減少 1 萬元，扣___分	
導購任務完成率	25	1.導購任務完成率＝考核期內實際完成銷售額(量)/計劃完成銷售額(量)×100% 2.考核期內導購任務完成率目標值爲___% 3.達到目標值時，得滿分；每減少 1%，扣___分	
銷售增長率	20	1.銷售增長率＝[當期銷售額(量)－上期銷售額(量)]/上期銷售額(量)×100% 2.考核期內銷售增長率目標值爲___% 3.達到目標值時，得滿分；每減少 1%，扣___分	
滯銷商品處理及時性	15	1.考核期內連續 30 天未售出 1 件的在架商品數量爲 0 2.每發現 1 件，扣___分；超過___件時，該項得分爲 0	
《銷售分析報告》提交的及時性和準確性	15	1.未按時提交《銷售分析報告》，內容不真實，得___分 2.未按時提交《銷售分析報告》，內容真實但不完整，得___分 3.按時提交《銷售分析報告》，內容真實、完整，有參考價值，得___分 4.按時提交《銷售分析報告》，內容真實、完整，有很大的參考價值，得___分	

（五）考核實施

1.銷售總監、銷售部經理負責對導購部在商品導購過程中的工作業績進行評分

2.人力資源部經理負責審核評分結果，並報總經理審批。

2 電話行銷部考核指標量化

一、電話費用控制考核方案設計

電話銷售部費用控制考核方案

（一）電話費控制措施

爲有效控制電話費，特制定以下控制措施。

1.通過查詢客戶聯繫方式數據庫、核實電話對帳單等方法檢查銷售人員有無撥打私人電話現象，以此嚴格控制利用公司電話辦私事的行爲。

2.有效使用各種通信方式，如傳真、電子郵件等，將電話溝通的主要內容通過傳真、電子郵件的形式直接發送給目標溝通人，以減少電話溝通時間、降低電話費用。

3.加強對銷售人員的電話溝通技巧培訓，以提高其業務嫻熟程度，減少無效的電話溝通時間。

(二)考核指標

根據以上控制措施，人力資源部針對電話銷售部是否制定電話溝通管理辦法及其在日常管理中發揮的實際作用，可設計出以下考核指標。

1.客戶聯繫方式數據庫的完善性和準確性。

2.及時領回電話對帳單。

3.銷售人員私人電話拔打率。

4.各種通信方式結合使用制度及流程的設計規範程度。

5.開展銷售人員電話溝通技巧培訓的及時性和培訓完成率。

(三)考核指標評分標準

電話費用控制考核指標的具體考核標準如下表所示。

電話費用控制考核表

考核指標	權重(%)	考核標準	評分
客戶聯繫方式數據庫的完善性和準確性	15	1.每發現數據庫中缺少 1 名客戶的聯繫方式，扣___分 2.每發現數據庫中 1 名客戶的聯繫方式有誤(經查實並非客戶更換聯繫方式)，扣___分	
及時領回電話對賬單	10	每月話費結算後 5 日內領回電話對賬單，每延遲半天，扣___分	
銷售人員私人電話撥打率	20	1.銷售人員私人電話撥打率＝考核內私人電話撥通打次數/撥打電話總次數×100% 2.考核目標值爲 0，每差___%扣___分；超過___%，該項得分爲 0	

續表

各種通信方式結合使用制度或流程的設計規範程度	20	1.未制定各種通信方式結合使用制度或流程，扣___分 2.制度設計不規範，每發現 1 條無法執行的，扣___分 3.流程設計不合理，未達到控制電話費用的目的，扣___分	
開展銷售人員電話溝通技巧培訓的及時性	15	1.在新進銷售人員進入部門 3 日內對其進行電話溝通技巧培訓，每推遲半天，扣___分 2.按公司規定定期對老員工進行電話溝通技巧培訓，每比規定時間推遲半天，扣___分	
銷售人員電話溝通技巧培訓完成率	20	1.銷售人員電話溝通技巧培訓完成率＝考核期內實際培訓人數/計劃培訓人數×100% 2.考核目標值爲 100%，每差___%扣___分；超過___%時，該項得分爲 0	

心得欄 --

二、銷售分公司考核方案設計

銷售分公司考核方案

(一)目的

1.促使銷售分公司完成銷售目標。

2.爲銷售分公司人員的薪酬發放及崗位晉升提供依據。

(二)考核原則

1.綜合業績原則

總公司要考核銷售分公司的綜合業績，考核結果是銷售分公司綜合業績的得分。

2.即時激勵原則

總公司每月對銷售分公司的業績進行綜合考核，並做到即時激勵。

(三)考核主體及考核時間

1.銷售分公司的考核主體爲總公司績效考核小組，其成員包括人力資源部經理、銷售部經理等相關人員。

2.銷售分公司的績效考核在每月的 3～6 日進行，爲期 4 天，如遇節假日依次順延。

(四)銷售分公司的分類

總公司將銷售分公司分爲 A、B、C、D 四類，具體分類標準如下。

1. A 類銷售分公司

A 類銷售分公司處於成熟的市場，並已經建立了品牌知名度及具備穩定的市場。

2. **B 類銷售分公司**

B 類銷售分公司處於重點開髮型市場，市場潛力大但開發不足。

3. **C 類銷售分公司**

C 類銷售分公司處於小規模的市場，消費水準低。

4. **D 類銷售分公司**

D 類銷售分公司處於形象型市場，所處市場的品牌佔有率不高，但所處市場是公司形象展示的一個重要視窗。

(五)考核內容

銷售分公司的考核內容如表所示。

銷售分公司考核表

___月

考核指標	銷售分公司	分值	目標值	評分標準
銷售額	A 類銷售分公司	15	___萬元	1.考核結果與目標值相比，每少___萬元扣___分，每增加___萬元加___分 2.考核結果低於目標值的___%時，該項得分爲 0
	B 類銷售分公司	20	___萬元	
	C 類銷售分公司	25	___萬元	
	D 類銷售分公司	10	___萬元	
銷售回款率	全部	20	___%	考核結果比目標值少___%扣___分；銷售回款率低於___%時，該項得分爲 0
銷售費用率	A 類銷售分公司	20	___%	1.得分＝考核結果×分值 2.考核結果低於目標值的___%時，該項得分爲 0
	B 類銷售分公司	5	___%	
	C 類銷售分公司	10	___%	
	D 類銷售分公司	15	___%	

續表

市場佔有率	A類銷售分公司	5	____%	1.得分＝考核結果×分值 2.考核結果低於目標值的____%時，該項得分爲0
	B類銷售分公司	15	____%	
	C類銷售分公司	10	____%	
	D類銷售分公司	10	____%	
銷售同比增長率	A類銷售分公司	10	____%	1.得分＝考核結果×分值 2.考核結果低於目標值的____%時，該項得分爲0
	B類銷售分公司	10	____%	
	C類銷售分公司	5	____%	
	D類銷售分公司	5	____%	
銷售網站開發率	A類銷售分公司	10	100%	1.得分＝考核結果×分值 2.考核結果低於目標值的____%時，該項得分爲0
	B類銷售分公司	10		
	C類銷售分公司	5		
	D類銷售分公司	5		
銷售網站達成率	A類銷售分公司	5	100%	1.得分＝考核結果×分值 2.考核結果低於目標值的____%時，該項得分爲0
	B類銷售分公司	5		
	C類銷售分公司	5		
	D類銷售分公司	15		
應收賬款清理完成率	A類銷售分公司	15	100%	1.得分＝考核結果×分值 2.考核結果低於目標值的____%時，該項得分爲0
	B類銷售分公司	5		
	C類銷售分公司	10		
	D類銷售分公司	10		
人員培訓完成率	全部	5	____%	考核結果比目標值每少____%扣____分；人員培訓完成率低於____%時，該項得分爲0
銷售報表提交及時率	全部	5	100%	考核結果比目標值每少____%扣____分；銷售報表提交及時率低於____%時，該項得分爲0

(六)考核執行

人力資源部計算出各銷售分公司的考核分值後，按照公司薪酬制度的相關規定計算銷售分公司員工的工資。

3 廣告部考核指標量化

一、廣告部考核方案設計

(一)目的

1.督促廣告部員工提高業務水準。

2.促進公司開展廣告業務，爲公司的發展貢獻力量。

3.公平、客觀地評價廣告部的工作。

(二)考核原則

1.公平、公正、公開的原則。

2.責任結果導向原則

引導廣告部員工用正確的方法做事，不斷追求工作的效果，通過績效考核改進工作態度和工作方式，實現更好的工作業績。

3.定性考核和定量考核相結合的原則

廣告部因其業務的特殊性無法完全通過定量指標進行考核，必須與定性指標相結合，只有如此才能準確、客觀地評價廣告部的工作。

(三)考核主體

對廣告部進行績效考核時，公司成立了績效考核小組作爲實施考核的主體。考核小組的組長由人力資源部經理兼任，其他主要成員有廣告部主管、績效主管和績效專員等，且小組人員以五人爲宜。

(四)考核指標及說明

1.考核指標構成及權重

績效考核小組對廣告部進行考核時所使用的考核指標及權重如表所示。

廣告部績效考核表

考核指標	考核項目	權重(%)	考核得分	
			指標得分	合計得分
定量指標	廣告宣傳計劃完成率	20		
	廣告方案通過率	10		
	廣告投放有效率	20		
	千人成本	15		
	廣告樣品收集完整度	5		
	員工培訓計劃完成率	10		
定性指標	廣告認知度	10		
	廣告效果滿意度	10		
綜合得分				
備註				

2.指標說明

⑴廣告宣傳計劃完成率

廣告宣傳計劃完成率＝廣告宣傳計劃的實際完成量/廣告宣傳計劃的總量×100%

⑵廣告方案通過率

廣告方案通過率＝通過的廣告方案數/製作的廣告方案總數×100%

⑶廣告投放有效率

廣告投放有效率＝廣告費用增長率/銷售費用增長率×100%

⑷千人成本

千人成本＝某期廣告成本/該期廣告受眾規模×100%

⑸廣告樣品收集完整度

廣告樣品收集完整度＝收集的廣告樣品數量/公司製作的所有廣告樣品數量×100%

⑹員工培訓計劃完成率

員工培訓計劃完成率＝員工培訓計劃的實際完成量/員工培訓計劃總量×100%

⑺廣告認知度

廣告認知度是指廣告受眾對廣告和廣告產品的認知程度。

⑻廣告效果滿意度

廣告效果滿意度是指廣告受眾對廣告的偏好程度、理解程度和印象程度等的綜合滿意程度。

(五)考核時間

績效考核小組對廣告部的考核以半年爲一個週期，具體的考核時間在每年6月1日～5日、12月1日～5日。

(六)考核辦法

1.收集相關資料

績效考核小組收集與考核指標相關的資料，尤其是第三方檢測機構提供的與廣告相關的資料。

2.指標分數的計算方法

⑴每個指標的標準分為100分，各指標的合計得分如下所示。

指標合計分數＝指標得分×指標權重

⑵廣告部的綜合得分

廣告部的綜合得分為各考核指標合計得分之和。

⑶指標得分的計算

①定量指標的得分計算

績效考核人員根據相關真實、準確的資料計算出的各定量指標的結果即為其指標得分。如廣告宣傳計劃完成率為80%，即廣告宣傳計劃完成率的指標得分為80分。

②定性指標的得分計算

績效考核人員通過計算收回的調查問卷的結果確定定性指標的得分。具體的問卷調查的樣表見附表。

(七)考核結果等級劃分

廣告部考核結果實行百分制，按照相應的等級進行劃分。

(八)附表

1.廣告部廣告認知度問卷調查表

廣告部廣告認知度問卷調查表如下表所示。

廣告部廣告認知度問卷調查表

序號	調查項目	認知度評分標準
1	公司名稱	1.非常熟悉，且知道公司的主要產品及品牌(20分) 2.聽說過但不清楚公司產品及品牌(10分) 3.沒聽說過(0分)
2	公司產品	1.通過廣告知道公司產品(20分) 2.通過別人描述瞭解公司產品(10分) 3.沒聽說過(0分)
3	產品品牌	1.非常熟悉，且知道該品牌旗下的產品(20分) 2.熟悉品牌但不知其旗下的產品(15分) 3.聽說過(10分) 4.不知道(0分)
4	瞭解途徑	1.通過公司廣告瞭解(20分) 2.通過別人得知(10分) 3.不知道(0分)
5	廣告內容	1.非常喜歡，看過後有購買的慾望(20分) 2.基本瞭解(10分) 3.有點印象(5分) 4.不知道(0分)
說明	1.計算該項指標得分時應抽取一定數量的有效調查問卷，計算每份問卷的得分 2.計算抽取的有效調查問卷各卷得分的算術平均數，即爲該項指標的指標得分	

2. 廣告效果滿意度調查表

廣告效果滿意度調查表如下表所示。

廣告效果滿意度調查表

調查項目	滿意度調查			
廣告效果的滿意度	非常滿意 (100分)	滿意 (50分)	不滿意 (30分)	非常不滿意 (0分)
說明	1.此項內容應作爲廣告調查相關內容的其中一項進行調查 2.計算此項指標得分時，應抽取一定數量的有效問卷，計算算術平均數，結果即爲該項的指標得分			

二、危機公關處理考核方案

(一)考核目的

1.對剛經歷過的危機的處理效果進行評估，對相關人員在危機公關中的表現進行考核，使危機公關考核獨立於日常公關工作考核。

2.督促公關部圍繞危機處理做好準備工作，更好地處理未來可能遇到的各種危機，避免公司的名譽和經濟受到損失。

(二)危機公關的主要工作職責

1.建立危機預警機制，減少和預防危機產生的危害。

2.公關部作爲公司內外聯絡的紐帶，建立危機快速反應機制，縮短反應時間，加快處理進度。

3.對已發生的問題進行詳細調查、妥善解決，並做到後續追蹤，避免危機事件再次發生。

4.以能否獲得外界公眾對公司的理解和認同爲標準，評估本次危機的處理效果，在此基礎上總結經驗教訓。

(三)考核目標和指標説明

在危機公關的預防和處理過程中，設置如下表所列的指標，以完成工作目標，化解公司的信譽危機。

考核指標及其説明

序號	KPI	考核目的及詳細説明	權重(%)	計分規則
1	危機預警機制的有效性	及時從媒體、經銷商、業務人員等管道收集相關信息並進行分析、彙報和解決	20	及時瞭解和化解外部意見。每完成1起加___分
2	危機反應速度	統一宣傳口徑，發佈初步處理決定，緩解外部不滿	15	保證發言人在3天內發佈公司的態度、調查計劃等信息
3	危機處理速度	專人專程對危機事件進行詳細調查，給出暫時性對策，減少外部利益群體的損失，挽回公司名譽	15	一週內對外發佈調查結果、初步結論和行動計劃
4	與媒體公眾溝通的及時性	向所有媒體就公司的處理計劃和進度、危機涉及範圍、消費者可能受到的影響等做出説明，統一公司對外形象，借助媒體控制和扭轉不利局面	10	在危機的初、中和末期，分別發佈正式、統一的信息。內容包括危機產生的原因、暫時對策、永久性對策和賠償等多方面的內容

續表

5	與政府溝通的及時性	就危機的現狀、出現原因、公司觀點及有待確認的情況等向有關部門進行彙報，取得其的諒解和幫助	10	與政府有關部門保持暢通的聯繫，溝通頻率不低於每週兩次
6	信息發佈會、慰問等活動的組織效果	合理安排信息發佈會、慰問等活動，撫慰受損群體，提升公司形象	10	安排會議、活動次數不低於兩次，每次出席的公司主要負責人不少於 3 人
7	外部滿意度	使外部群體滿意，重建消費者對公司的信心，恢復和促進銷售	20	1.消費者抽樣認可率低於 80%，扣___分 2.銷售額每升 1%，加___分 3.公關活動後，同類事件的負面報導仍出現，每增加 1 起，扣___分
8	再發生同類危機的數量	監督和評估公司對策，及時提出建議，防止事故再次發生，幫助公司順利走出困境		後續同類事件的投訴次數和媒體再曝光的次數必須爲 0，否則扣除本次危機公關項目的全額績效獎金

(四)考核結果的使用

本方案的考核結果用於確定單次危機公關項目的績效，是公關部當期部門績效的重要組成部份。

三、客戶投訴處理考核方案設計

客戶投訴處理考核方案

(一)目的

1.規範客戶投訴處理人員的工作，明確工作範圍和工作重點。

2.作爲客戶投訴處理工作的考核依據。

3.鼓勵先進員工，促進組織的共同發展。

(二)考核週期

客戶投訴處理考核採取季、年考核相結合的方法，對當期的客戶投訴處理工作進行評估。考核實施時間爲考核期結束後第 1 個月的 1 日～5 日，遇節假日順延。

(三)考核內容

1.服務類考核

主要內容包括客戶投訴回應及時率、處理意見回覆及時率、客戶投訴解決及時率、客戶回訪率、客戶投訴解決滿意率、改善方案有效執行率和部門協作滿意度等。

2.管理類考核

主要內容包括各類報表提交的及時性、報表整體品質、客戶投訴處理費用預算超支率、客戶投訴處理人員培訓計劃完成率等。

(四)考核指標數據來源

1.員工工作報告，如日報、月報、創新工作、新業務拓展、優秀表現等。

2.通過財務系統查詢，如預算控制情況，可通過該系統查詢。

3.由售後服務部經理抽檢。

4.其他管道，如由公司專門的稽核人員通過公司網站投訴信息台等途徑收集投訴及其處理信息，定期回饋給客戶投訴處理單位的主管領導和工作人員。

（五）考核指標及計算

客戶投訴處理人員的績效考核指標及計算方法如下表所示。

客戶投訴處理人員績效考核指標及計算公式

序號	KPI 指標	權重(%)	指標定義	考核對象
1	客戶投訴回應及時率	15	客戶投訴回應及時率＝規定時間內對投訴進行回應的次數/客戶投訴的總次數×100%	客戶投訴處理工作人員
2	處理意見回覆及時率	10	處理意見回覆及時率＝在規定時間內向客戶回覆公司處理意見的次數/需要回覆意見的總次數×100%	客戶投訴處理相關人員
3	客戶投訴解決及時率	15	客戶投訴解決及時率＝在規定客戶時間內解決的客戶投訴數量/客戶投訴的總數量×100%	客戶投訴處理相關人員
4	客戶回訪率	10	客戶回訪率＝實際回訪客戶次數/計劃回該客戶次數×100%	客戶投訴處理工作人員
5	客戶投訴解決滿意率	20	客戶投訴解決滿意率＝客戶對解決結果滿意的投訴數量/客戶投訴的總數量×100%	客戶投訴處理相關人員
6	改善方案有效執行率	15	改善方案有效執行率＝得到有效執行的改善方案數量/客戶投訴改善方案提交的總數量×100%	客戶投訴處理工作人員
7	客戶投訴處理費用預算超支率	15	客戶投訴處理費用預算超支率＝服務費用超支數額/服務費用預算數額×100%	客戶投訴處理管理人員

(六)考核實施

考核主要包括主管上級考核、本部門自評及協作部門考核三種。其中本部門自評可以採用部門內部員工工作自評的平均值。協作部門考核的成員由與本部門工作聯繫較多的相關部門人員構成。三類考核所佔的權重及考核內容如下表所示。

考核權重分配表

主管上級	50	工作績效、人員管理、費用控制
本部門自評	20	工作任務的完成情況
協作部門考核	30	工作的協作性、服務性

四、客服呼叫中心考核方案設計

客服呼叫中心考核方案

(一)目的

1.通過績效考核，實現客服呼叫中心的發展目標。

2.通過績效考核，引導客服呼叫中心人員提升績效水準和工作能力。

3.作爲客服呼叫中心員工薪酬發放及職位晉升的依據。

(二)考核主體

客服呼叫中心的績效考核工作由績效考核小組負責，成員包括售後服務部經理、客服呼叫中心經理及人力資源部的相關人員。

(三)考核時間

客服呼叫中心的績效考核工作以月爲單位，具體考核時間在每月的 5～8 日。

(四)考核內容

1.客服呼叫中心的績效考核內容

客戶呼叫中心績效考核表

考核指標	權重(%)	目標值	指標說明
平均處理時間	15	___秒	1.平均處理時間＝業務代表與客戶交談時間，讓客戶在線等待時間及最後解決該業務所花的時間的總和÷總電話量 2.考核結果與目標值相比每多___秒，扣___分
員工利用率	10	___%	1.員工利用率＝業務代表所花費的有效工作時間(包括通話、話中等待、話後處理等時間)÷其登錄系統的時間×100% 2.考核結果與目標值相比每低___%，扣___分
致命錯誤率	15	___%	1.致命錯誤率＝電話中致命錯誤的數量/監控的總電話量×致命錯誤監控項數×100% 2.考核結果與目標值相比每高___%，扣___分
非致命錯誤率	10	___%	1.非致命錯誤率＝電話中非致命錯誤的數量/監控的總電話量×非致命錯誤監控項數×100% 2.考核結果與目標值相比每高___%，扣___分
人工忙轉 IVR (互動式語音應答)次數	15	___次	考核結果與目標值相比每多___次，扣___分
《疑難問題匯總表》準確度	5	準確	每發現《疑難問題匯總表》中的一處錯誤，扣___分；若發現三處及以上的錯誤，該項得分爲 0
員工流失率	10	___%	考核結果與目標值相比每高___%，扣___分
客戶滿意度	20	滿意	每接到客戶有效投訴一次，扣___分；接到客戶有效投訴三次及以上時，該項得分爲 0

2. 考核數據的來源

客服呼叫中心的考核數據來源於呼叫中心的後臺記錄與考核人員的不定期抽查結果。

(五)考核結果的應用

1.人力資源部應根據客服呼叫中心的考核結果及公司的相關規定計算呼叫中心員工的薪酬。

2.績效考核小組應將考核得分低的考核指標回饋給客服呼叫中心的相關管理人員，由其查找原因並制定改進措施，績效考核小組負責監督其實施。

心得欄

4　經銷部績效管理量化考核與方案設計

一、經銷商選擇考核方案

經銷商選擇考核方案

(一)考核目的

經銷商的選擇是否恰當，將直接關係到公司市場行銷的效果，因此有必要對經銷商的選擇工作進行考核，爲此特制定本方案。

(二)適用範圍

本方案適用於公司對經銷商開發人員進行考核。

(三)考核內容

1.經銷商覆蓋率

(1)用途：用來考核經銷商開發人員是否完成經銷商開發數量目標。

(2)計算公式：經銷商覆蓋率＝簽約的經銷商數量/計劃開發的經銷商數量×100%

(3)考核標準：目標值爲 100%，每減少___%，扣___分；低於___%時，該項得分爲 0。

(4)數據來源：指標中的數據來源於《經銷商開發計劃》和《經

銷商開發人員工作報告》。

2.經銷商資質通過率

⑴用途：用來考核經銷商開發人員選擇的經銷商是否符合公司對經銷商的資質要求。

⑵計算公式：經銷商資質通過率＝通過資質審查的經銷商數量/提交的經銷商數量×100%

⑶考核標準：目標值爲___%，每減少___%，扣___分；低於___%時，該項得分爲0。

⑷考核說明：經銷商開發人員選擇經銷商時應根據公司自身的狀況和經銷的產品充分考慮經銷商的經營思路、合作意願、態度、聲譽、信用及財務狀況、銷售實力、銷售狀況、規模、管理能力、管理權延續、產品線、市場佔有率等各方面內容，以提高經銷商資質通過率。

3.經銷商簽約率

⑴用途：用來考核經銷商開發人員進行經銷商開發工作的有效性。

⑵計算公式：經銷商簽約率＝簽約的經銷商數量/拜訪的經銷商數量×100%

⑶考核標準：目標值爲___%，每減少___%，扣___分；低於___%時，該項得分爲0。

⑷考核說明：此項指標要求經銷商開發人員在拜訪經銷商之前，對該經銷商做詳細的調查，並做好充分的準備（如心態、產品資料及介紹產品的方式等），儘量確保該經銷商符合公司經銷商的資質要求，且能說服經銷商順利簽約。

4.開發費用控制率

⑴用途：用來考核經銷商開發人員開發費用使用的節省情況。

⑵計算公式：開發費用控制率＝實際開發費用/計劃開發費用×100%

⑶考核標準：目標值爲___%以內，每增加___%，扣___分；實際開發費用超過計劃開發費用___%時，該項得分爲0。

⑷考核說明：對於超出預算的部份，由經銷商開發部門承擔___%，剩餘部份由相關責任人承擔。

二、經銷商信用考核方案

經銷商信用考核方案

(一)考核目的

爲加強對經銷商信用狀況的管理，避免因經銷商信用問題給公司造成損失，特制定本方案。

(二)適用範圍

本方案適用於區域內所有的經銷商。

(三)考核頻率

每半年開展一次考核，考核時間分別爲上半年的6月25日～30日、下半年的12月25日～30日。

(四)考核內容

對經銷商的信用考核主要從經銷商忠誠度、交易歷史、鋪貨能力、資金實力、市場運作的規範性和業務發展度六個方面進行，具體考核內容如下表所示。

經銷商信用考核表

考核項目	考核內容	權重(%)	評分標準	評分
經銷商忠誠度	與公司合作的興趣點是否只在於利益	5	1.是，得 0 分 2.否，得 5 分	
	對公司理念的認同度	5	1.個人理念與公司理念完全不同，得 0 分 2.個人理念與公司理念部份相同，得 3 分 3.個人理念與公司理念一致，得 5 分	
	對公司產品的興趣度	5	1.沒興趣，得 0 分 2.一般，得 3 分 3.非常感興趣，得 5 分	
交易歷史	經銷商回款率	10	1.經銷商回款率＝實際銷售回款/應收銷售×100% 2.目標值 100%，每降低 1%，扣____分；經銷商回款率低於____%時，此項得分爲 0	
	在以往的交易過程中是否有違規行爲	5	每發現一次違規行爲，扣一分；超過 3 次，此項得分爲 0	
	業內對其交易信譽的評價	5	目標值爲____分，每降低____分，扣____分；業內評價低於____分時，此項得分爲 0	
鋪貨能力	鋪貨率	5	1.鋪貨率＝實際上有產品陳列的店頭數量/產品所應陳列的店頭數量×100% 2.目標值____%，每降低 1%，扣____分；鋪貨率低於____%時，此項得分爲 0	
	鋪貨率在當地經銷商中的排名	5	1.排名在前 5 名的，得 5 分 2.排名在第 5 名與第 10 名之間的，得 3 分 3.排名在第 10 名之後的，得 0 分	

續表

鋪貨能力	管道拓展數量	5	每增加一個，加___分；超過___個，得滿分
資金實力	每次交易平均額在同等級經銷商中的排名	5	1.排名在前 5 名的，得 5 分 2.排名在第 5 名與第 10 名之間的，得 3 分 3.排名在第 10 名與第 20 名之間的，得 1 分 4.排名在第 20 名之後的，得 0 分
	歷史進貨的最大額度和最小額度	5	歷史進貨最大額度超過___萬元，最小額度不低於___萬元，得滿分；每差___萬元，扣___分
	業內對經銷商資金實力的評價	5	目標值爲___分，每降低___分，扣___分；業內評價低於___分時，此項得分爲 0
市場運作規範性	有無竄貨的惡性競爭行爲	10	每發生一次，扣___分；超過 3 次，此項得分爲 0
	是否曾不遵守行規，爲儘快出貨而低價傾銷	10	每發生一次，扣___分；超過 3 次，此項得分爲 0
業務能力發展度	銷售增長率	10	1.銷售增長率＝[當期銷售額(量)－上期銷售額(量)]/上期銷售額(量)×100% 2.目標值爲___%，每降低 1%，扣___分；銷售增長率低於___%時，此項得分爲 0
	經銷商銷售人員的綜合素質	5	經銷商銷售人員綜合素質考核分值達___分，每降低___分，扣___分；綜合素質評分低於___分時，此項得分爲 0

(五)考核結果運用

經銷商信用考核結果將作爲確定經銷商預付款金額和賬期的依據，具體運用如下表所示。

經銷商信用考核結果運用表

考核分數(S)	信用等級	考核結果運用
S≥95 分	五星級	100%免預付款，____天賬期
90≤S≤94 分	四星級	預付 30%貨款，____天賬期
85≤S≤89 分	三星級	預付 50%貨款，____天賬期
75≤S≤84 分	二星級	預付 60%貨款，____天賬期
60≤S≤74 分	一星級	預付 80%貨款，____天賬期
S<60 分	非信用經銷商	先付款後送貨

三、經銷商管理量化指標

經銷商管理量化指標

指標類別	量化指標	指標說明	考核對象
經銷商選擇考核	經銷商覆蓋率	經銷商覆蓋率＝簽約的經銷商數量/計劃開發的經銷商數量×100%	經銷商開發人員
	經銷商資質通過率	經銷商資質通過率＝通過資質審查的經銷商數量/提交的經銷商數量×100%	
	經銷商簽約率	經銷商簽約率＝成功簽約的經銷商數量/拜訪的經銷商數量×100%	
	開發費用控制率	開發費用控制率＝實際開發費用/計劃開發費用×100%	

續表

經銷商服務考核	拜訪計劃達成率	拜訪計劃達成率＝實際拜訪次數/計劃拜訪次數×100%	經銷商開發人員
	宣傳津貼金額	考核開發人員爲經銷商發放的宣傳津貼的金額大小	
	培訓計劃完成率	培訓計劃完成率＝實際培訓經銷商數量/計劃培訓經銷商總數×100%	
	經銷商流失率	經銷商流失率＝主動流失的經銷商數量/所服務的經銷商總數×100%	
	經銷商滿意度	經銷商滿意度問卷調查評分的算術平均值	
經銷商銷售考核	銷售計劃完成率	銷售計劃完成率＝實際完成的銷售額(量)/計劃完成的銷售額(量)×100%	經銷商
	鋪貨率	鋪貨率＝實際上有產品陳列的店頭數量/產品所應陳列的店頭數量×100%	
	銷售增長率	銷售增長率＝[當期銷售(量)－上期銷售額(量)]/上期銷售額(量)×100%	
	出貨量	考核期內經銷商已發出的貨物數量	
	市場佔有率	市場佔有率＝經銷商銷售量/區域內同類產品銷售量×100%	
	專銷率	專銷率＝銷售廠家產品銷售額/經銷商的全部銷售額×100%	
	全品項進貨率	全品項進貨率＝進貨種類數量/廠家產品種類總數量×100%	
	退貨率	退貨率＝退貨數/經銷商的銷售量×100%	
	投入產出率	投入產出率＝經銷商的銷售額/銷售人員用於該經銷商的銷售費用×100%	

續表

經銷商庫存考核	庫存週轉率	庫存週轉率＝銷售數量/平均庫存×100% 平均庫存＝(期初庫存量＋期末庫存量)÷2	經銷商
	庫存佔銷售量的百分比	庫存佔銷售量的百分比＝經銷商庫存量/經銷商的銷售量×100%	
經銷商客服考核	區域品質投訴指數	區域品質投訴指數＝用戶投訴案件數量/區域內平均投訴案件數量×100%	經銷商
	區域客戶滿意度	區域客戶滿意度＝滿意用戶數量/抽查用戶數量×100%	
經銷商回款考核	貨款支付速度	考核經銷商是否按合約規定支付貨款	經銷商
	經銷商欠款與信用額度比率	經銷商欠款與信用額度的比率＝經銷商欠款額度/經銷商信用額度×100%	
	銷售回款貢獻指數	銷售回款貢獻指數＝經銷商回款額/區域內總回款額×100%	
市場行爲規範考核	發生竄貨行爲的次數	竄貨是指經銷商爲了個人目的在非廠家指定區域企業產品，造成該區域其他管道夥件無法正常從事銷售活動的行爲	經銷商
	未按廠家市場指導價銷售	—	

5 銷售收回款量化考核

一、銷售部收回款指標量化

公司爲銷售部制定的回款指標一般包括產品類別、所轄片區、回款時間階段以及部門收回款費用四個方面。

各類產品在不同片區的收回款指標量化

回款指標 \ 銷售片區 / 產品類別	A片區（成熟期市場）		B片區（發展期市場）		C片區（導入期市場）	
	回款額	回款率	回款額	回款率	回款額	回款率
I類產品	____元	____%	____元	____%	____元	____%
II類產品	____元	____%	____元	____%	____元	____%
III類產品	____元	____%	____元	____%	____元	____%
各片區總回款目標	回款額____元 平均回款率____%		回款額____元 平均回款率____%		回款額____元 平均回款率____%	
年回款總目標	總回款金額			平均回款率		
備　　註	1.產品分類可參照公司的產品目錄 2.各區域所屬片區情況請參照公司市場劃分說明					

各類產品在不同階段的回款指標量化

回款指標＼季 產品類別	第一季		第二季		第三季		第四季	
	回款額	回款率	回款額	回款率	回款額	回款率	回款額	回款率
Ⅰ類產品	____元	____%	____元	____%	____元	____%	____元	____%
Ⅱ類產品	____元	____%	____元	____%	____元	____%	____元	____%
Ⅲ類產品	____元	____%	____元	____%	____元	____%	____元	____%
季回款總目標	回款額____元 平均回款率__%		回款額____元 平均回款率__%		回款額____元 平均回款率__%		回款額____元 平均回款率__%	
年回款總目標	總回款金額				平均回款率			

銷售部回款成本費用指標量化

回款指標＼項目		第一季			第二季			……
		回款額	回款費用	回款費用率	回款額	回款費用	回款費用率	
A片區	Ⅰ類產品	____元	____元	____%	____元	____元	____%	
	Ⅱ類產品	____元	____元	____%	____元	____元	____%	
	Ⅲ類產品	____元	____元	____%	____元	____元	____%	
	年片區總指標	回款額____元　回款費用____元　回款費用率____%						
B片區	Ⅰ類產品	____元	____元	____%	____元	____元	____%	
	Ⅱ類產品	____元	____元	____%	____元	____元	____%	
	Ⅲ類產品	____元	____元	____%	____元	____元	____%	
	年片區總指標	回款額____元　回款費用____元　回款費用率____%						

續表

C片區	Ⅰ類產品	____元	____元	____%	____元	____元	____%	
	Ⅱ類產品	____元	____元	____%	____元	____元	____%	
	Ⅲ類產品	____元	____元	____%	____元	____元	____%	
	年片區總指標	回款額____元　回款費用____元　回款費用率____%						
公司銷售回款費用總指標		回款額____元　回款費用____元　回款費用率____%						
說　明		1.回款費用率＝回款費用/回款額×100% 2.片區季總指標，指該片區季內所有產品的總回款額、總回款費用和平均回款費用率 3.年回款費用總指標，指年內所有產品的總回款額、總回款費用和平均回款費用率						

二、銷售部管理人員回款指標量化

銷售部經理在接到公司下達的部門回款任務指標後，需要與行銷總監（或總經理）進行溝通、確認，然後根據影響回款的各種因素逐步分解和下達回款任務指標。

不同片區的銷售管理人員回款任務指標量化

項目／片區	I類產品					
	職　位	本年計劃銷售額	本年已實現銷售額的應收款回收	上年結轉的應收款回收	本年整體回款率	說　明
A片區	銷售部經理	____萬元	____萬元	____萬元	____%	前三項指標，兩位銷售主管目標值之和等於銷售部經理目標值
	銷售主管	____萬元	____萬元	____萬元	____%	
	銷售主管	____萬元	____萬元	____萬元	____%	
B片區	銷售部經理	____萬元	____萬元	____萬元	____%	前三項指標，兩位銷售主管目標值之和等於銷售部經理目標值
	銷售主管	____萬元	____萬元	____萬元	____%	
	銷售主管	____萬元	____萬元	____萬元	____%	
C片區	銷售部經理	____萬元	____萬元	____萬元	____%	前三項指標，兩位銷售主管目標值之和等於銷售部經理目標值
	銷售主管	____萬元	____萬元	____萬元	____%	
	銷售主管	____萬元	____萬元	____萬元	____%	

不同產品的銷售管理人員回款任務指標量化

項目 職位	Ⅰ類產品			Ⅱ類產品		
	銷售額	回款額	回款率	銷售額	回款額	回款率
銷售部經理	____萬元	____萬元	____%	____萬元	____萬元	____%
銷售主管	____萬元	____萬元	____%	____萬元	____萬元	____%
銷售主管	____萬元	____萬元	____%	____萬元	____萬元	____%
說　明	對「銷售額」、「回款額」這兩項指標，兩位銷售主管的目標值之和等於銷售部經理的目標值					

銷售管理人員回款成本費用控制指標量化

項目 職位	第一季			第二季		
	實際完成回款額	支出費用	回款費用率	實際完成回款額	支出費用	回款費用率
銷售部經理	____萬元	____萬元	____%	____萬元	____萬元	____%
銷售主管	____萬元	____萬元	____%	____萬元	____萬元	____%
銷售主管	____萬元	____萬元	____%	____萬元	____萬元	____%
說　明	對「實際完成回款額」、「支出費用」兩項指標，兩位銷售主管的目標值之和等於銷售部經理的目標值					

三、銷售專員的收回款指標量化

銷售專員的回款指標，可根據銷售部經理及銷售主管下達的回款任務，從所其負責片區的差異、產品類別的不同、回款時間、收回應收賬款支出的費用以及對回款工作所付出的努力等方面進行設置。

銷售專員所負責片區的年回款指標量化

項目／片區	I 類產品年回款				
	人員	銷售額	回款額	回款率	說明
A 片區	銷售主管	____萬元	____萬元	____%	對「銷售額」、「回款額」兩項指標，兩位銷售專員的目標值之和等於銷售主管的目標值
	銷售專員	____萬元	____萬元	____%	
	銷售專員	____萬元	____萬元	____%	
B 片區	銷售主管	____萬元	____萬元	____%	對「銷售額」、「回款額」兩項指標，兩位銷售專員的目標值之和等於銷售主管的目標值
	銷售專員	____萬元	____萬元	____%	
	銷售專員	____萬元	____萬元	____%	
C 片區	銷售主管	____萬元	____萬元	____%	對「銷售額」、「回款額」兩項指標，兩位銷售專員的目標值之和等於銷售主管的目標值
	銷售專員	____萬元	____萬元	____%	
	銷售專員	____萬元	____萬元	____%	

銷售專員年產品回款指標量化

項目／人員	I 類產品			II 類產品		
	銷售額	回款額	回款率	銷售額	回款額	回款率
銷售主管	____萬元	____萬元	____%	____萬元	____萬元	____%
銷售專員	____萬元	____萬元	____%	____萬元	____萬元	____%
銷售專員	____萬元	____萬元	____%	____萬元	____萬元	____%
說　明	對「銷售額」、「回款額」兩項指標，兩位銷售專員的目標值之和等於銷售主管的目標值					

銷售專員季回款成本指標量化

項目／人員	第一季			第二季		
	實際完成回款額	支出費用	回款費用率	實際完成回款額	支出費用	回款費用率
銷售主管	____萬元	____萬元	____%	____萬元	____萬元	____%
銷售專員	____萬元	____萬元	____%	____萬元	____萬元	____%
銷售專員	____萬元	____萬元	____%	____萬元	____萬元	____%
說　明	對「實際完成回款額」、「支出費用」兩項指標，兩位銷售專員的目標值之和等於銷售主管的目標值					

銷售專員單品回款指標量化

產品	實現銷售款項／回款額／回款所花時間	1 個月	2 個月	3 個月	4 個月	5 個月	6 個月
高端產品	50 萬元以內(不含 50 萬元)	___萬元	___萬元	___萬元	___萬元	___萬元	___萬元
	50～100 萬元(不含 100 萬元)	___萬元	___萬元	___萬元	___萬元	___萬元	___萬元
	100 萬元以上(含 100 萬元)	___萬元	___萬元	___萬元	___萬元	___萬元	___萬元
一般產品	10 萬元以內(不含 10 萬元)	___萬元	___萬元	___萬元	___萬元	___萬元	___萬元
	10～20 萬元(不含 20 萬元)	___萬元	___萬元	___萬元	___萬元	___萬元	___萬元
	20 萬元以上(含 20 萬元)	___萬元	___萬元	___萬元	___萬元	___萬元	___萬元

銷售專員回款工作考核指標量化

考核對象：銷售專員　任職人員姓名：　　　　考核日期：　年　月　日

考核項目	考核內容	考核指標
回款業績考核	月、季、年回款目標完成情況	月、季、年回款目標達成率
		年平均回款額/回款率
	應收賬款預期未還情況	應收賬款逾期率
	收款工作開展的成效	平均收款成功率
	及時上交所收回的銷售回款	銷售回款及時上交率
	收回賬款所支出的費用	回款費用率
回款工作事項考核	賒銷權限、賒銷程序的執行	賒銷權限與賒銷程序的執行度
	對賒銷客戶的管理	對客戶結賬程序、結算週期的掌握程度
		定期對賬工作的按時完成率
	回款工作報告	回款工作報告的上交及時率
		回款工作報告的品質達成率

心得欄

第六章

銷售部各工作崗位績效考核方案

1 行銷總監績效考核方案設計

公司現聘任公司行銷總監一職，根據公司______年的經營目標，經雙方充分協商，特制定本責任書。

一、責任期限

____年 1 月 1 日～____年 12 月 31 日。

二、考核時間

本責任書的相關內容在執行過程中，若計算有誤，可以據實際情況做出調整。公司原則上應在下一年 1 月 10 日前對考核完畢，如遇有不可確定的因素或事項，本年考核結果可延後，但不能因此影響正常工作。

三、工作目標與管理目標

(一)工作目標

1.在責任年內，主要工作目標設定如表所示。

行銷總監年工作目標設定表

考核指標		指標解釋	目標值
1	銷售額	銷售額＝各種管道的銷售額之和 公司現在考核的管道包括自營店、聯營店、銷售專櫃等	達到____萬元
2	銷售回款率	銷售回款率＝當期實際回款/當期應回籠銷售額×100%	達到____%
3	銷售毛利率	銷售毛利率＝當期銷售毛利額/當期應回籠銷售額×100%	達到____%
4	銷售經營費用率	銷售經營費用率＝經營費用額/實現的銷售額×100% 經營費用包含行銷中心責任體的全部費用	達到____%
	其中：店鋪費用率		達到____%
5	產品庫存率	產品庫存率＝庫存產品成本/(期初庫存產品成本＋當期採購成本)	達到____%

2.年銷售額、銷售回款額任務指標按月分解明細如下表所示。

年銷售回款指標月分解表

銷售額目標值：_______萬元

銷售回款率目標值：_____%　　　　　　　　　　單位：萬元

月份	1 月份		…	12 月份		合計	
項目	銷售額	回款額		回款額	銷售額	回款額	銷售額
目標值							
目標值							
目標值							
目標值							

（二）管理目標

1.爲完善公司內部核算體制，統計分析各部門主要業務的關鍵控制指標數據，行銷總監每月要向總經理彙報有關指標數據的動態狀況，並進行比較分析。

2.建立以「預算計劃」爲核心的內部控制機制。在每月 25 日前對下個月的各項費用做出計劃，每月 5 日對上個月的有關行銷費用做出總結、分析和修正，爲合理科學地控制費用提供有效的依據。

3.完善行銷中心的薪酬激勵和內部績效考核體系，最大限度地激勵員工的工作積極性。

4.加強企業文化建設。通過宣講、強制執行、領導帶頭執行等多種方式，逐步使員工養成自覺執行企業規章制度的習慣。同時採用簡報和組織活動等各種形式，增強員工對企業的歸屬感，增加企業的凝聚力。

5.加強團隊建設。建立以公司的管理目標和管理制度爲核心的行銷團隊，通過完善企業制度和完善企業文化，調整員工的心態。

6.加強企業形象和品牌形象的建設，實現企業形象、品牌形象的逐步提升。

7.政令暢通，回饋及時。按時、保質、保量地完成總經理交待的任務，將完成情況或因客觀原因而未能完成任務的原因及時回饋給上級領導。

四、薪資、獎金發放考核

1.考核客體

效益工資、管理責任工資、半年獎金。

2.效益工資考核

效益工資考核計算表

考核指標	權重	對應薪資	考核說明
銷售額	40	效益工資×40%	應發薪資＝實現的銷售額/目標銷售額×100%×對應薪資 實現的銷售額/目標銷售額×100%＜___%時，該項薪資爲 0
銷售回款率	30	效益工資×30%	應發薪資＝對應薪資－[1－(實際回款率/目標回款率×100%)]×100×100，即每下降 1 個百分點扣 100 元 實現的銷售額/目標銷售額×100%＜___%時，該項薪資爲 0

續表

店鋪費用率	30	效益工資×30%	1.達到目標值時，全額發放對應薪資 2.低於目標值時，每降低 1 個百分點加 100 元，即： 應發薪資＝對應薪資＋[1－(實際店鋪費用率/目標值×100%)]×100×100 3.實際店鋪費用率/目標值×100%＞＿%時，該項薪資爲 0

3.管理責任工資考核

根據管理目標，管理責任考核項目及評分方法如下表所示。

管理責任考核表

管理責任考核項目	考核評分方法	標準分
1.建立內部核算體制	彙報不及時或有誤 1 次扣 1 分	5
2.建立內部控制機制	不按時提交或嚴重不合理 1 次扣 1 分	5
3.建立激勵機制	綜合評分	10
4.企業文化建設	綜合評分	10
5.團隊建設	綜合評分	15
6.建設與維護企業形象、品牌形象	綜合評分	10
7.分管部門有無管理事故(如糾紛打架、弄虛作假或其他有損公司利益的行爲)	出現 1 次事故扣 5 分	10

續表

8.政令執行與回饋情況	違規 1 次扣 3 分	10
9.客戶有效投拆次數	查實 1 次扣 5 分	15
10.下屬的培訓和能力發展		10
考核綜合得分		100

備註

1.此表爲行銷總監月工資與半年獎金考核的專用表

2.「下屬的培訓和能力發展」評分標準

(1)此項目的考核方爲人力資源部和總經理，依據爲所分管部門的培訓計劃，且培訓計劃必須送交人力資源部備案，否則以計 0 分處理

(2)以 100 分爲基準，分爲 4 個等級

① A 級爲 100 分(季培訓計劃完成 90%以上，善於發掘有潛能的下屬，瞭解其發展方向並能適當培養，而且已經培養了後備人員)

② B 級爲 70 分(季培訓計劃完成 60%以上，能發掘有潛能的下屬，並能幫助其發展，但效果欠佳)

③ C 級爲 50 分(季培訓計劃完成 40%以上，能發掘有潛能的下屬，但在培養與指導方面尚有不足)

④ D 級爲 0 分(季培訓計劃完成不到 40%，不能發掘有潛能的下屬或培養與指導不到位)

3.月管理責任工資與半年獎金＝對應的標準管理責任工資×考核得分/100

4.月考核由總經理評分，半年考核由總經理組織集體評分，並報備有關部門，財務部根據標準核算相應的工資及獎金

4.半年獎金考核

半年獎金考核的細則如下表所示。

半年獎金考核計算表

考核指標	權重	對應薪資	考核說明
銷售額	15	半年獎金×15%	應發獎金＝實現的銷售額/目標銷售額×100%×對應獎金 實現的銷售額/目標銷售額×100%＜___%時，該項獎金爲0
銷售回款率	20	半年獎金×20%	應發資金＝對應獎金－[1－(實際回款率/目標回款率×100%)]×100×100，即每下降1個百分點扣100元 實際回款率/目標回款率×100%＜___%時，該項獎金爲0
銷售毛利率	15	半年獎金×15%	應發資金＝實際銷售毛利率/目標銷售毛利率×100%×對應獎金 實際銷售毛利率/目標銷售毛利率×100%＜___%時，該項獎金爲0 當毛利額達到目標值而毛利率低於目標值時，不受本考核限制
銷售經營費用率	10	半年獎金×10%	1.達到目標值時，全額發放對應獎金 2.低於目標值時，每降低1個百分點加200元，即應發資金＝對應獎金＋[1－(實際銷售經營費用率/目標銷售經營費用率×100%)]×100×200 3.銷售經營費用率＜___%時，該項獎金爲0

續表

產品庫存率	20	半年獎金×20%	每比目標值高1個百分點扣發對應獎金__%，當產品庫存率高於___%時，該項獎金爲0
管理目標達成率	20	半年獎金×20%	
合計	100		
備註	1.上述各項考核指標值最高按100%計算 2.當銷售額和產品庫存率兩個指標中任意一個指標對應的獎金被考核爲0時，其他指標對應的獎金自動爲0		

2 銷售總監績效考核方案設計

爲落實公司的目標管理責任制，確保完成公司各項銷售目標，提高公司的經濟效益，特制定本目標責任書。

一、責任期限

____年___月___日～____年___月___日。

二、銷售總監的職權

1.有權參與制定公司經營發展規劃並提出建議。

2.有權組織制定並修改銷售部規章制度、銷售策略和銷售目標。

3.有權建立、培訓和管理公司的銷售隊伍。

4.有權控制、監督銷售業務的開展情況，帶領、指導各銷售團隊完成銷售任務。

三、考核指標體系

銷售總監的考核指標分爲業績指標和管理績效指標兩部份。

銷售總監考核指標體系一覽表

考核指標		指標說明/公式	權重(%)
業績指標	淨資產報酬率	淨資產報酬率＝淨利潤/平均淨資產×100%	10
	年公司發展戰略目標完成率	年公司發展戰略目標完成率＝年公司已實現的戰略目標/計劃年公司發展戰略目標×100%	10
	銷售額	《銷售合約》簽訂的總銷售額	10
	銷售賬款回收率	銷售賬款回收率＝實際回款額/計劃銷售額×100%	10
	銷售計劃完成率	銷售計劃完成率＝實際銷售額/計劃銷售額×100%	10
	銷售毛利率	銷售毛利率＝(總銷售額－銷售成本費用)/總銷售額×100%	5
	年銷售額增長率	年銷售額增長率＝(當年銷售額－上一年銷售額)/上一年銷售額×100%	5
	壞賬率	壞賬率＝壞賬損失/主營業務收入×100%	5
	銷售費用節省率	銷售費用節省率＝(銷售費用預算－實際發生的銷售費用)/銷售費用預算×100%	5

續表

管理績效指標	客戶有效投訴次數	經分析確認是有效投訴公司銷售部服務的次數	5
	培訓計劃完成率	培訓計劃完成率＝實際培訓次數/計劃培訓次數×100%	5
	核心員工保留率	核心員工保留率＝（期末核心員工數－期內新增核心員工數）/期初核心員工數×100%	5
	銷售報表及時提交率	銷售報表及時提交率＝及時提交報表的次/公司規定需提交報表的次數×100%	5
	員工滿意度	部門員工及相關協作部門對其工作表現的評價	5
	領導滿意度	公司總經理、董事會對其工作表現的評價	5

四、工作目標與考核評分

1.人力資源部根據已確定的考核指標體系，按照公司的經營發展規劃和銷售計劃，參考外部市場環境，制定相應的工作目標及評分標準。

2.公司的考核得分實行百分制，考核評分時需注意以下事項。

⑴業績指標的評分依據是銷售部的銷售業績情況和公司當期經濟效益，由財務部和銷售部提供。

⑵人力資源部在公司內部開展對銷售總監的滿意度調查，匯總計算員工滿意度和領導滿意度，按評分標準計算對應的考核指標得分。

⑶培訓計劃完成率、核心員工保留率的計算依據是人力資源部的人事記錄和培訓記錄。

銷售總監工作目標及評分標準表

	指標項目	權重	目標	評分標準	信息來源
業績績效	淨資產報酬率	10	目標值____%	每低1%扣____分；淨資產報酬率低於____%時，該項得分爲0	財務部
	年公司發展戰略目標完成率	10	目標值____%	每低1%扣____分；戰略目標完成率低於____%時，該項得分爲0	財務部
	銷售額	10	目標值____萬元	每低____萬元扣____分；銷售額低於____萬元時，該項得分爲0、	財務部
	銷售賬款回收率	10	目標值____%	每低1%扣____分；銷售賬款回收率低於____%時，該項得分爲0	財務部
	銷售計劃完成率	10	目標值____%	每低1%扣____分；銷售計劃完成率低於____%時，該項得分爲0	財務部
	銷售毛利率	5	目標值____%	銷售毛利率低於____%時，該項得分爲0	財務部
	年銷售額增長率	5	目標值____%	每低1%扣____分；年銷售額增長率低於____%時，該項得分爲0	財務部
	壞賬率	5	目標值≤____%	每高1%扣____分；壞賬率高於____%時，該項得分爲0	財務部
	銷售費用節省率	5	目標值____%	每低1%加____分；銷售費用節省率低於____%時，該項得分爲0	財務部

續表

管理績效	客戶有效投訴次數	5	目標值≤___次	每高___次扣___分；客戶投訴次數高於次時，該項得分爲 0	銷售部
	培訓計劃完成率	5	目標值___%	每低 1%扣___分，培訓計劃完成率低於___%時，該項得分爲 0	人力資源部
	核心員工保留率	5	目標值___%	每低 1%扣___分；核心員工保留率低於___%時，該項得分爲 0	人力資源部
	銷售報表及時提交率	5	目標值___%	每低 1%扣___分；銷售報表及時提交率低於___%時，該項得分爲 0	銷售部
	員工滿意度	5	目標值___分	滿意度得分每低___分扣___分；員工滿意度低於___分時，該項得分爲 0	人力資源部
	領導滿意度	5	目標值___分	滿意度得分每低___分扣___分；領導滿意度低於___分時，該項得分爲 0	人力資源部

⑷人力資源部根據銷售部日常工作記錄，計算並審核有效客戶投訴次數和銷售報表及時提交率。

⑸若下屬部門有重大違反公司規章制度的行爲，則由總經理辦公會進行審議，確定相應的處罰，扣減銷售總監相關的考核分數。

五、考核結果運用

1.考核結果將作爲銷售總監的年終績效獎金發放和崗位調動的依據。

2.考核結果將影響下一年或下一階段制訂相關經營計劃、銷售任務和考核目標等工作事宜。

心得欄

3 市場部經理績效考核方案

爲明確工作目標和工作責任，市場部經理簽訂本目標責任書，以確保按期完成工作目標。

一、責任期限

____年___月___日～_____年___月___日

二、崗位目標責任

1.建立本部門管理制度和工作流程。

2.按照公司整體經營計劃及銷售計劃，制定年、季、月及區域行銷規劃。

3.及時準確地收集市場資料和市場動態，明確客戶需求。

4.按照行銷策劃，分配各項宣傳、設計、公關等費用。

5.根據公司產品線，制定《新產品上市方案》。

6.對於時效性要求高的臨時業務，要保證在規定的時間內保質保量完成。

7.爲正常、順利開展公司的銷售業務，提升公司形象和產品形象，提供各種宣傳策劃及設計。

8.分析與整理公司所處行業的市場信息、競爭對手情況。

9.明確下屬的工作方向，建立責任明確、獎懲掛鈎的機制。

10.指導、協調、激勵下屬的工作。

11.對本部門人員進行考核。

三、薪酬標準

根據市場部經理的工作經驗和能力，初步確定其標準薪酬爲月薪_____元，基本年薪爲__　　萬元。根據公司相關規定，市場部經理的標準薪酬與績效薪酬的比例初步定爲6：4。

四、考核標準與計分方法

市場部經理在任期內的考核項目及評價標準如下表所示。

市場部經理考核指標及評價標準表

考核項目		權重	評價標準及計算公式
主要指標	市場投入報酬率	40	1.行銷總監核定的市場投入報酬率 2.市場投入報酬率－(銷售增長額＋市場投入增長額)/(銷售投入增長額＋市場投入增長額)×100% 其中，市場投入增長額＝報告期市場總投入－前期市場總投入 銷售投入增長額＝銷售成本增長額＋銷售費用增長額
	新產品市場比率	25	1.行銷總監核定的新產品市場比率 2.新產品市場比率＝新產品銷售收入/銷售總收入×100% 3.新產品是指新研製、開發的全新產品 4.新產品銷售收入的統計時段爲：從完成新產品第二筆訂單起，之後兩年內所形成的年銷售收入
輔助指標	品牌市場價值增長率	15	品牌市場價值數據需經第三方權威機構測評
	公關單位媒體單位合作滿意度	20	接受調研的公關單位、媒體對市場部經理所領導的人員工作滿意度評分的算術平均值

續表

扣分項	工作計劃管理		1.缺乏年行銷戰略計劃，扣____分 2.缺乏季市場運作計劃，扣____分 3.缺乏月市場運作計劃，扣____分
	部門規章制度規範、健全、適用，內部業務流程合理		1.部門規章制度裏缺少必備的條款或內容，每缺少 1 項扣____分 2.操作規範、流程合理，流程中存在管理漏洞(控制不到位)的，每出現 1 處扣____分
	負面曝光		1.因不符合廣告投放及戶外促銷手續等相關要求，被工商城管等部門負面曝光且罰款 5 萬元以上的扣分、2～5 萬元扣___分、2 萬元以下扣___分 2.因與消費者關係處理不妥，被消協、新聞等部門曝光每出現 1 次扣___分
	市場投入費用管理		1.市場費用投入預算每超支 2%，扣____分 2.每出現一次計劃外失控投入，扣____分/次
	市場信息回饋		1.向各部門回饋虛假信息，扣___分，如造成虛假性信息決策失誤，後果特別嚴重時扣___分 2.沒有按要求回饋信息的扣___分 3.信息回饋及時性差，被相關部門投訴的扣___分/次
	考核執行		1.不按考核指標進行考核或有考核舞弊行爲的，扣___分 2.不嚴格按考核表考核的，扣___分 3.不按要求及時進行考核的，扣___分
	員工培訓與能力發展		平均每月組織___次員工培訓，每少 1 次減___分
	部門協作力		1.因部門協作程度不夠造成部門投訴的，扣___分 2.因部門衝突造成嚴重後果，影響正常生產經營的，扣___分，直至追究其他責任

4 銷售部經理績效考核方案設計

爲落實公司的目標責任制，完成公司的銷售目標，提高公司的效益，特制定本目標責任書。

一、責任期限

_____年____月___日～_____年____月___日。

二、職權

1.制定與修改銷售部規章制度、銷售策略。

2.管理銷售部所屬員工及各項業務工作。

3.指揮重大促銷活動現場。

4.建議調配部門崗位。

5.組建、培訓、考核和監督部門銷售團隊。

6.部門員工獎懲、爭議處理的建議權。

三、工作目標與考核

銷售部經理的工作內容可分爲銷售業績管理和部門管理，爲合理考核銷售部經理的工作，可設置銷售業績指標和管理績效目標，其中銷售業績指標得分佔考核得分的 70%，管理績效指標佔 30%。

1.銷售業績指標

銷售業績指標的構成、權重與考核標準如表所示。

銷售部經理銷售業績指標考核表

指標項目	權重%	工作目標	考核標準
銷售額	15	目標值爲____萬元	每低___萬元扣___分；銷售額低於___萬元時，該項得分爲0
銷售計劃完成率	15	目標值爲___%	每低1%扣___分；銷售計劃完成率低於___%時，該項得分爲0
促銷計劃完成率	10	目標值爲___%	每低1%扣___分；促銷計劃完成率低於___%時，該項得分爲0
銷售增長率	5	目標值爲___%	每低 1%扣___分；銷售增長率低於___%時，該項得分爲0
銷售毛利率	5	目標值爲___%	每低 1%扣___分；銷售毛利率低於___%時，該項得分爲0
銷售賬款回收率	5	目標值爲___%	每低1%扣___分；銷售賬款回收率低於___%時，該項得分爲0
壞賬率	5	目標值爲___%	每高 1%扣___分；壞賬率高於___%時，該項得分爲0
新產品市場佔有率	5	目標值爲___%	每低 1%扣___分；新產品市場佔有率低於___%時，該項得分爲0
銷售費用節省率	5	目標值爲___%	每高1%扣___分；銷售費用節省率低於___%時，該項得分爲0
指標說明			
銷售額	簽訂《銷售合約》的總銷售額		
銷售計劃完成率	銷售計劃完成率＝實際銷售額/計劃銷售額×100%		

續表

促銷計劃完成率	促銷計劃完成率＝實際完成的促銷次數/計劃完成的促銷次數×100%
銷售增長率	銷售增長率＝(當期銷售額－上一考核期銷售額)/(上一考核期銷售額)×100%
銷售毛利率	銷售毛利率＝(總銷售額－銷售成本費用)/總銷售額×100%
銷售賬款回收率	銷售賬款回收率＝實際回款額/計劃回款額×100%
壞賬率	壞賬率＝壞賬損失/主營業務收入×100%
新產品市場佔有率	新產品市場佔有率＝新產品銷售額/當前該類產品銷售額×100%
銷售費用節省率	銷售費用節省率＝(銷售費用預算－實際發生的銷售費用)/銷售費用預算×100%

2.**管理績效目標**

公司從部門管理、公司內部協作管理和客戶管理三個角度來考核銷售部經理的管理績效，具體考核內容和評分標準如表所示。

(1)客戶滿意度由銷售部、市場部通過客戶問卷調查獲得。

(2)客戶有效投訴次數、銷售報表提交及時率由銷售部的工作記錄得出，人力資源部負責審核。

(3)核心員工保有率、部門培訓計劃完成率的數據來源於公司人力資源部，計算公式如下。

核心員工保有率＝(期末核心員工數－期內新增核心員工數)×100%

培訓計劃完成率＝實際培訓次數/計劃培訓次數×100%

銷售部經理管理績效考核表

考核內容	指標項目	權重%	工作目標	考核評分標準
銷售服務品質與公司形象	客戶滿意度	5	達到___分	每低___分考核得分減___分；客戶滿意度低於___分時，該項得分爲 0
	客戶有效投訴次數	5	控制在___次之內	每高___次考核得分扣___分；客戶投訴次數高於___分時，該項得分爲 0
部門管理	核心員工保有率	5	達到___%	每低 1%扣___分；核心員工保有率低於___%時，該項得分爲 0
	部門培訓計劃完成率	5	達到___%	每低 1%扣___分；培訓計劃完成率低於___%時，該項得分爲 0
	銷售報表提交及時率	5	達到___%	每低 1%扣___分；銷售報表提交及時率低於___%時，該項得分爲 0
公司內部協作	內部員工滿意度	5	達到___分	每低___分考核得分扣___分；內部員工滿意度低於___分時，該項得分爲 0

⑷部門員工滿意度由人力資源部對部門員工及相關協作部門進行問卷調查後獲得。

⑸部門人員有重大違反公司規章制度行爲的，根據具體情況，由總經理辦公會議進行討論，確定懲罰措施或扣減相關考核項得分。

四、考核結果管理

1.人力資源部匯總各項考核得分，計算最終得分，並由此劃分優秀(90～100 分)、良好(80～89 分)、一般(70～79 分)、及格(60～69 分)和差(0～59 分)5 個等級。

2.人力資源部將考核結果報銷售總監和總經理審批。

3.銷售總監與銷售部經理進行面談，達成一致意見後，制訂下一考核期工作計劃、銷售任務和考核目標等。

4.考核結果將作爲銷售部經理的年績效獎金發放和崗位調整的依據。

5 大客戶部經理績效考核方案設計

爲規範大客戶部的日常管理工作，確保完成大客戶部的銷售目標，提高公司的效益，經雙方協商一致，特制定本目標責任書。

一、責任期限

____年___月___日～____年___月___日。

二、大客戶部門經理的義務

1.公司有權監督客戶部經理在公司的工作。

2.公司擁有對客戶部經理的考核權。

3.公司有權根據考核結果按規定對客戶部經理實施獎懲。

4.公司有權要求客戶部經理對客戶信息、公司機密嚴格保密。

公司須按照約定爲客戶部經理提供相應的薪資待遇、工作條件和崗位職權。

5.客戶部經理負責領導、監督大客戶部的日常工作，完成銷售任務。

6.客戶部經理負責開發、整合大客戶資料，維護與大客戶之間的良好關係。

7.客戶部經理負責組建並培訓銷售團隊。

8.客戶部經理要對公司機密、客戶信息嚴格保密。

三、工作目標與考核

公司針對大客戶部經理的工作內容，制定了相應的考核指標體系和工作目標。

1.考核指標體系設計

大客戶部經理考核指標體系

考核指標		指標說明/公式	權重%
財務類	大客戶銷售額	大客戶銷售額	15
	銷售賬款回收率	銷售賬款回收率＝實際回款額/計劃回款額×100%	10
	銷售毛利率	銷售毛利率＝(總銷售額－銷售成本費用)/總銷售額×100%	5
	壞賬率	壞賬率＝壞賬損失/主營業務收入×100%	5
	銷售費用節省率	銷售費用節省率＝(銷售費用預算－實際發生的銷售費用)/銷售費用預算×100%	5

續表

運營類	銷售計劃完成率	銷售計劃完成率＝實際銷售額/計劃銷售額×100%	15
	大客戶流失率	大客戶流失率＝期期初大客戶數蠹蓊攀奎菩蠡數一期末大客戶數×100%	10
	銷售增長率	銷售增長率＝（當期銷售額－上一考核期銷售額）/（上一考核期銷售額）×100%	5
	有效新大客戶數	當期新開發的有效的新人客戶數	5
客戶類	大客戶滿意度	大客戶對大客戶部銷售服務的滿意程度，可通過大客戶滿意度調查獲得	5
	大客戶投訴次數	大客戶對銷售服務進行投訴的次數	5
	內部員工滿意度	部門員工及相關協作部門對其工作表現的評價	5
學習發展類	核心員工保留率	核心員工保留率＝（期末核心員工數一期內新進核心員工數）/期初核心員工數×100%	5
	培訓計劃完成率	培訓計劃完成率＝實際培訓次數/計劃培訓次數×100%	5

2.工作目標

根據考核指標體系，結合公司的經營發展規劃和市場環境，確定大客戶部經理的工作目標。大客戶部經理的工作目標與考核標準如下表所示。

大客戶部經理考核標準表

考核指標		權重	工作目標	評分標準	得分
財務類	大客戶銷售額	15	達到___元	每低___元扣___分；大客戶銷售額低於___元時，該項得分為0	
	銷售賬款回收率	10	達到___%	每低1%扣___分；銷售賬款回收率低於___%時，該項得分為0	
	銷售毛利率	5	達到___%	每低1%扣___分；銷售毛利率低於___%時，該項得分為0	
	壞賬率	5	控制在___%之內	每高1%扣___分；壞賬率高於___%時，該項得分為0	
	銷售費用節省率	5	達到___%	每低1%扣___分；銷售費用節省率低於___%時，該項得分為0	
運營類	銷售計劃完成率	15	達到___%	每低1%扣___分；銷售計劃完成率低於___%時，該項得分為0	
	大客戶流失率	10	控制在___%之內	每高1%扣___分；大客戶流失率高於___%時，該項得分為0	
	銷售增長率	5	達到___%	每低1%扣___分；銷售增長率低於___%時，該項得分為0	
	有效新大客戶數	5	達到___個	每少___個扣___分；新大客戶數低於___個時，該項得分為0	
客戶類	大客戶滿意度	5	___分	每低___分該項得分扣分；大客戶滿意度低於___分時，該項得分為0	

續表

客戶類	大客戶投訴次數	5	控制在___次之內	每高___次扣___分；大客戶投訴次數高於___次時，該項得分爲0	
	內部員工滿意度	5	___分	每低___分該項得分扣分；員工滿意度低於___分時，該項得分爲0	
學習發展類	核心員工保留率	5	達到___%	每低1%扣___分；核心員工保留率低於___%時，該項得分爲0	
	培訓計劃完成率	5	達到___%	每低1%扣___分；培訓計劃完成率低於___%時，該項得分爲0	

四、考核結果管理

1.人力資源部匯總各項考核得分，計算最終得分，並由此劃分優秀(90～100分)、良好(80～89分)、一般(70～79分)、及格(60～69分)和差(0～59分)5個等級。

2.人力資源部將考核結果報大客戶總監、總經理審批。

3.大客戶總監與大客戶部經理進行面談後，制訂工作改進計劃並執行。

4.考核結果將作爲大客戶部經理薪酬獎金發放、崗位調整等的依據。

五、薪資待遇

1.年薪

雙方約定大客戶部經理在公司工作的年薪爲____萬元，其中固定薪酬權重爲____%，浮動薪酬權重爲____%。

2.月工資發放標準

公司每月爲大客戶部經理發放固定工資____元，浮動工資____元～____元。浮動工資根據部門月考核結果發放。

3.績效獎勵

公司按考核指標對大客戶部經理進行考核，根據考核結果發放績效獎勵。

心得欄

6 直銷部經理績效考核方案設計

爲明確直銷部經理的工作權責與目標，完成公司的銷售目標，提高公司效益，特制定本目標責任書。

一、責任期限

____年___月___日～____年___月___日。

二、直銷部經理的義務

⑴有權在公司規定的價格底線上自主決定成交價格。

⑵對預算內的銷售費用享有支配權。

⑶擁有部門員工獎懲、爭議處理的建議權。

⑴制定並修改直銷部規章制度、銷售策略。

⑵組建、培訓、考核、監督本部門直銷團隊。

⑶進行目標分解，領導部門員工完成公司下達的目標任務。

⑷嚴格控制應收賬款的額度，減少呆壞賬損失。

⑸嚴格執行銷售費用預算，合理使用銷售費用。

⑹分析市場情況，提供相關的《市場分析報告》，爲公司制定決策提供依據。

三、直銷部經理薪資構成

1.固定工資，按月定額發放，每月_____元。

2.月績效工資，與其月考核結果掛鈎，按月發放。

3.季獎金，與季考核結果掛鈎，按季發放。

4.年獎金，與年考核結果掛鈎，於年終發放。

四、工作目標與考核

直銷部經理的工作目標可分解為財務、運營、客戶、學習發展四個方面，公司將這四個方面的工作內容進行細化，設計相應的考核指標。

1.公司根據工作目標與考核指標，制定直銷部經理考核標準表，具體如下表所示。

直銷部經理考核標準表

考核指標		權重	工作目標	評分標準
財務類	銷售額	20	達到___萬元	1.每低___萬元扣___分，每高於___萬元加___分 2.銷售額低於___萬元時，該項得分為0
	銷售賬款回收率	10	達到___%	1.每低1%扣___分，每高1%加___分 2.銷售賬款回收率低於___%時，該項得分為0
	銷售毛利率	5	達到___%	1.每低1%扣___分，每高於1%加___分 2.銷售毛利率低於___%時，該項得分為0
	銷售費用率	5	達到___%	1.每低1%加___分，每高1%扣___分 2.銷售費用率高於___%時，該項得分為0
運營類	團隊新增人數	10	達到___人	1.每低___人扣___分，每高人加___分 2.團隊新增人數低於___人時，該項得分為0
	銷售增長率	5	達到___%	1.每低1%扣___分，每高1%加___分 2.銷售增長率低於___%時，該項得分為0

續表

運營類	新開發客戶數	5	達到__個	1.每低__個扣___分，每高__個加___分 2.新開發客戶數低於___個時，該項得分爲 0
	客戶拜訪計劃完成率	5	達到___%	1.每低 1%扣___分 2.客戶拜訪計劃完成率低於___%時，該項得分爲 0
	客戶拜訪成功率	5	達到___%	1.每低 1%扣___分，每高 1%加___分 2.客戶拜訪成功率低於___%時，該項得分爲 0
客戶類	客戶滿意度	5	達到__分	1.客戶滿意度每低分扣___分 2.客戶滿意度低於___分時，該項得分爲 0
	客戶投訴問題解決率	5	達到___%	1.每低 1%扣___分 2.客戶投訴問題解決率低於___%時，該項得分爲 0
	領導滿意度	5	達到__分	1.領導滿意度每低___分扣___分 2.領導滿意度低於___分時，該項得分爲 0
	員工滿意度	5	達到__分	1.員工滿意度每低___分扣___分 2.員工滿意度低於___分時，該項得分爲 0
學習發展類	培訓計劃完成率	5	達到___%	1.每低 1%扣___分 2.培訓計劃完成率低於___%時，該項得分爲 0
	核心員工保有率	5	達到___%	1.每低 1%扣___分 2.核心員工保有率低於___%時，該項得分爲 0
備註	直銷部員工有重大違反公司規章制度行爲的，根據具體情況，由總經理辦公會議進行討論，確定懲罰措施或扣減直銷部經理的相關考核項得分			

2.具體考核指標說明

⑴銷售賬款回收率＝實際回款額/計劃回款額×100%

⑵銷售毛利率＝(總銷售額－銷售成本費用)/總銷售額×100%

⑶銷售費用率＝實際發生的銷售費用/銷售收入×100%

⑷銷售增長率＝(當期銷售額－上一考核期銷售額)/(上一考核期銷售額)×100%

⑸客戶拜訪計劃完成率＝實際拜訪的客戶數/計劃拜訪的客戶數×100%

⑹客戶拜訪成功率＝拜訪客戶成功數/拜訪的客戶數×100%

⑺客戶投訴問題解決率＝已解決的客戶投訴次數/有效的客戶投訴次數×100%

⑻客戶滿意度由直銷部、市場部通過客戶問卷調查獲得。

⑼員工滿意度由人力資源部對部門員工及相關協作部門進行問卷調查後獲得。

⑽領導滿意度由銷售總監等高層領導根據直銷部經理的工作表現和工作能力進行評分。

⑾培訓計劃完成率數據來源於公司人力資源部，其計算公式如下。

培訓計劃完成率＝實際培訓次數/計劃培訓次數×100%

⑿核心員工保有率的數據來源於公司人力資源部，其計算公式如下。

核心員工保有率＝(期末核心員工數－期內新增核心員工數)/期初核心員工數×100%

五、考核結果運用與考核申訴

1.考核結果計算

⑴人力資源部匯總各項考核得分，計算最終得分，並由此劃分優秀(90～100分)、良好(80～89分)、一般(70～79分)、及格(60～69分)和差(0～59分)5個等級。

⑵人力資源部將考核結果報銷售總監、總經理審批。

⑶銷售總監與直銷部經理進行面談，達成一致意見後，制訂下一考核期的工作計劃，銷售任務和考核目標等。

2.考核結果運用

考核結果將作爲直銷部經理的績效獎金發放、崗位調動、培訓等的依據。

3.考核申訴

⑴直銷部經理如對考核結果持有異議，可準備相關證明資料向總經理提出申訴。

⑵總經理根據資料和人力資源部已審核的資料，相關主管進行討論，最終確定申訴結果。

7 電話銷售部經理績效考核方案設計

爲明確工作目標和工作責任，公司與電話銷售部經理簽訂此目標責任書，以確保工作目標能夠按期完成。

一、責任期限

____年___月___日～____年___月___日。

二、主要職責

1.制定電話銷售部管理規章制度，並監督執行。

2.制訂電話銷售計劃，並合理分配銷售任務。

3.實施各項以電話銷售爲核心的銷售活動。

4.負責電話銷售管道的建立與規範工作。

5.定期或不定期檢查電話銷售與服務工作，一旦發現問題要及時糾正。

6.對客戶的電話回訪工作，參與解決客戶投訴。

7.做好下屬員工的管理工作。

三、工作目標與考核

1.**業績指標(60分)**

電話銷售部經理的業績指標考核表如下所示。

電話銷售部經理業績指標考核表

考核指標	權重%	指標說明	目標值	考核標準
電話銷售額	20	考核期內電話銷售收入總計	達到___萬元	每低 1 萬元扣___分；電話銷售額低於___萬元時，該項得分爲 0
電話銷售計劃完成率	25	電話銷售計劃完成率＝考核期內電話銷售額(量)/計劃電話銷售額(量)×100%	達到 100%	每低 1%扣___分；電話銷售計劃完成率低於___%時，該項得分爲 0
銷售回款率	25	銷售回款率＝考核期內實收電話銷售費用/應收電話銷售總額×100%	達到 100%	每減少___%扣分；銷售回款率低於___%時，該項得分爲 0
電話銷售費用率	20	電話銷售費用率＝考核期內實際電話銷售費用/電話銷售預算費用×100%	達到___%	每高 1%扣___分；話銷量費用率超過___%時，此項得分爲 0
電話銷售預算超支額	10	電話銷售預算超支額＝實際電話銷售費用－電話銷售預算費用	0	每超 1 萬元扣___分；電話銷售預算超過___萬元時，該項得分爲 0

2.管理績效指標(40 分)

⑴領導滿意度(20%)

建設與維護公司形象，通過領導滿意度評價分數進行評定，領導滿意度評價目標分爲___分，每降低___分，扣___分。

⑵客戶有效投訴次數(10%)

客戶有效投訴次數每出現 1 例扣____分；超過____次時，該項得分爲 0。

(3)客戶滿意度(10%)

通過客戶滿意度問卷調查評定客戶滿意度，其得分應達____分，每低____分，扣____分。

(4)下屬員工違紀違規情況(20%)

若下屬人員嚴重違反公司紀律，扣____分；如是一般性的違紀違規，扣____分。

(5)下屬員工培訓工作(20%)

培訓計劃完成率＝實際培訓人數/計劃培訓總人數×100%

培訓計劃完成率應達到100%，每減少____%扣____分；低於____%時，該項得分爲0。

(6)核心員工保有率(20%)

考核目標值達到____%，每低於____%扣____分，核心員工保有率低於____%時，該項得分爲0。

四、考核結果應用

考核結果將作爲電話銷售部經理獎金發放和職位晉升的依據，具體應用如下表所示。

考核結果應用表

考核得分(S)	考核結果應用
90≤S≤100	職位晉升或固定工資上調兩個等級，績效獎金全額發放
80≤S＜90	固定工資上調1個等級，績效獎金發放90%
70≤S＜80	固定工資不變，績效獎金發放80%
60≤S＜70	固定工資不變，績效獎金發放60%～70%
S＜60	固定工資扣減10%，無獎金

8 銷售主管績效考核方案設計

為規範銷售主管的工作，提高銷售主管的工作積極性，建立良好的銷售團隊，完成銷售任務，提高公司效益，特制定本方案。

一、適用範圍

本方案適用於公司對銷售部各銷售主管的考核。

二、考核內容與考核指標

公司對銷售主管的考核內容主要包括銷售目標的完成情況、銷售回款情況、銷售增長率、新產品銷售情況和團隊建設等，其具體的考核內容和指標如下表所示。

三、考核實施

1.考核主體

銷售部經理對銷售主管進行考核，人力資源部相關人員予以配合，考核結果報銷售總監和總經理審批後方可生效。

2.考核時間

(1)月考核，對銷售主管當月的業績和工作表現進行考核，當月考核實施時間為下月 5 日之前，如遇節假日順延。

(2)季考核，對銷售主管季銷售目標的完成情況和工作表現進行考核，該季考核實施時間為下季開始後 10 日內。

銷售主管績效考核表

考核指標	考核標準	權重%
銷售目標完成率	1.銷售目標完成 100%時，得 20 分 2.每低___%扣 1 分 3.當銷售目標完成率低於___%時，該項得分爲 0	20
銷售回款率	1.銷售回款率達到___%時，得 15 分 2.每高___%加 1 分，最多加 10 分 3.每低___%扣 1 分 4.當銷售回款率低於___%時，該項得分爲 0	15
銷售增長率	1.銷售增長率達到___%時，得 10 分 2.每高___%加 1 分，最多加 5 分 3.每低___%扣 1 分 4.當銷售增長率低於___%時，該項得分爲 0	10
新產品市場佔有率	1.新產品市場佔有率達到___%時，得 15 分 2.每高___%加 1 分，最多加 10 分 3.每低___%扣 1 分 4.當新產品市場佔有率低於___%時，該項得分爲 0	15
壞賬率	1.壞賬率不超過%時，得 5 分 2.每低___%加 1 分，最多加 5 分；每高___%扣 1 分 3.當壞賬率高於%時，該項得分爲 0	5
銷售費用節省率	1.銷售費用節省率達到___%時，得 5 分 2.每高___%加 1 分，最多加 5 分；每低___%扣 1 分 3.當銷售費用節省率低於___%時，該項得分爲 0	5

續表

有效客戶投訴次數	1.有效客戶投訴次數不超過___次時，得 5 分 2.每低___次加 1 分，最多加 5 分；每高___次扣 1 分 3.當有效客戶投訴次數高於___次時，該項得分爲 0	5
新開發客戶數	1.新開發客戶數達到___個時，得 5 分 2.每高___個加 1 分，最多加 5 分；每低___個扣 1 分 3.當新開發客戶數低於___個時，該項得分爲 0	5
合約履約率	1.合約履約率達到___%時，得 5 分 2.每低___%，扣 1 分 3.當合約履約率低於___%時，該項得分爲 0	5
銷售團隊建設	1.銷售隊伍出色，充滿團隊精神，與其他部門協作性強，得 15 分 2.銷售隊伍較出色，團隊精神強，與其他部門合作較好，得 10～15 分 3.銷售隊伍業績一般，團隊精神一般，與其他部門合作一般，得 5～10 分 4.銷售隊伍不夠出色，缺乏團隊精神，與其他部門合作不夠，得 0～5 分 5.無法建設、培養銷售團隊，該項得分爲 0	15

⑶年考核，對銷售主管完成當年公司規定的銷售目標與計劃的情況以及銷售團隊的建設、管理等情況進行考核，當年的年考核需在次年的 1 月 15 日之前完成。

3. 考核實施過程

⑴銷售部經理根據人力資源部考核工作的相關規定，組織部門相關人員根據銷售主管的實際工作表現和工作業績，對照《銷售主管績效考核表》進行評估，並將結果匯總上交人力資源部。

⑵人力資源部統計分析考核結果，在考核結束後的 3 日內報銷售總監和總經理審批。

⑶人力資源部於審批結束後的 5 個工作日內將考核結果回饋給銷售部經理和銷售主管。

⑷銷售部經理與銷售主管進行績效面談，肯定其優勢，指出其不足之處，共同擬訂工作改進計劃。

四、考核結果應用

1. 考核結果評定

考核得分採取百分制的形式，人力資源部根據銷售主管的考核得分將考核結果一般分爲五等，如下表所示。

銷售主管考核結果列示表

優秀	良好	中等	及格	差
90（含）～100 分	80（含）～90 分	70（含）～80 分	60（含）～70 分	60 分以下

2. 考核結果應用

薪資調整銷售主管的薪資由基本工資、業績提成和團隊獎勵三部份構成，人力資源部根據考核結果對銷售主管進行薪資調整，具體薪資調整辦法如下表所示。

銷售主管的薪資調整表

優秀	基本工資×2＋個人銷售額×4%＋團隊銷售額×1%
良好	基本工資×1.5＋個人銷售額×4%＋團隊銷售額×0.5%
中等	基本工資＋個人銷售額×3%
及格	基本工資＋個人銷售額×2%
差	基本工資＋個人銷售額×1%

9 維修服務主管績效考核方案設計

為了幫助售後服務部經理瞭解維修服務主管的工作能力和工作績效，為維修服務主管的職位晉升、薪資調整、培訓與發展等提供依據，特制定本方案。

一、考核頻率

季考核與年考核相結合。

二、考核內容和考核方法

1.主要工作完成情況（權重為 70%）

公司對維修服務主管主要工作完成情況的考核，具體內容如下表所示。

維修服務主管工作任務考核及評分表

考核指標及權重%	主要工作內容及目標值	評分標準
工作任務分配及時率（15）	工作任務分配及時率＝及時分配任務的次數/工作任務出現的總次數×100% 應達到___%	1.等於目標值，得___分 2.每降低___%，扣___分 3.工作任務分配及時率低於___%時，該項得分爲0
維修備件缺失率（10）	維修備件缺失率＝發生缺性的次數/總維修次數×100% 應少於___%	1.等於目標值，得___分 2.每降低___%，加___分；每提高___%，扣___分
維修服務計劃完成率（10）	維修服務計劃完成率＝已完成的工作量/計劃的工作總量×100% 應達到___%	1.等於目標值，得___分 2.每降低___%，扣___分；每提高___%，加___分
二次返修率（10）	二次返修率＝不良維修導致第二次返修的產品數量/維修產品的總數量×100% 應少於___%	1.等於目標值，得___分 2.每降低___%，扣___分；每提高___%，加___分 3.二次返修率高於___%時，該項得分爲0
客戶滿意率（15）	客戶滿意率＝對維修服務感到滿意的客戶數/維修客戶總數×100% 應達到___%	1.等於目標值，得___分 2.每降低___%，扣___分；每提高___%，加___分 3.客戶滿意率低於___%時，該項得分爲0

續表

員工培訓計劃完成率(10)	員工培訓計劃完成率＝員工按計劃參加培訓的課時數/培訓計劃的總課時數×100% 應達到___%	1.等於目標值，得___分 2.每降低___%，扣___分；每提高___%，加___分
員工滿意率(10)	員工滿意率＝對工作和主管感到滿意的員工人數/下屬員工總數×100% 應達到___%	1.等於目標值，得___分 2.每降低___%，扣___分；每提高___%，加___分
不良服務改善率(10)	不良服務改善率＝改進服務的次數/有待改進的不良服務總次數×100% 應達到___%	1.等於目標值，得___分 2.每降低___%，扣___分；每提高___%，加___分
工作報告完成及時率(10)	工作報告完成及時率＝標準時間內提交報告的次數/要求按時提交報告的總次數×100% 應達到___%	1.等於目標值，得___分 2.每降低___%，扣___分；每提高___%，加___分

2.**工作能力(權重佔 30%)**

維修服務主管工作能力考核表

考核項目	考核內容	評分標準
管理能力	指導下屬員工實施售後服務工作；帶領工作團隊完成工作計劃，實現工作目標	售後服務部經理直接評分，分爲優、良、中、差四個等級，滿分 100 分
	逐步培養員工的工作技能和良好的服務態度，協調員工關係和部門關係	
應變能力	及時處理各種客戶服務工作中的突發事件	

三、考核結果應用

依據公司制定的績效考核獎懲規定，對考核結果進行分級，並依下列標準對考核成績加以運用，具體內容如表所示。

考核結果分級及運用表

等級	績效考核成績(X)	考核結果運用	職級評測
A	90≤X≤100分	基本工資＋基本工資×2	加分
B	80≤X＜90分	基本工資＋基本工資×1	加分
C	70≤X＜80分	基本工資＋基本工資×0.5	加分
D	60≤X＜70分	基本工資	不加分
E	X＜60分	基本工資－基本工資×0.2	扣分

10 銷售專員績效考核方案設計

爲有效推廣新產品，激勵銷售專員的工作積極性，完成新產品銷售目標，從而實現公司經營目標，特制定本方案。

一、適用範圍

本方案適用於公司對銷售專員的考核工作。

二、考核機構

銷售主管作爲銷售專員的直接上級，負責考核銷售專員的新產品推廣銷售工作，人力資源部、市場部等相關部門給予配合，考核結果由銷售總監審批後方可執行。

三、考核指標設計

銷售部在人力資源部、市場部等相關部門的配合下，根據新產品銷售的相關工作內容，制定考核指標，具體指標及其說明如表所示。

新產品銷售考核指標說明

考核指標	指標說明/公式	權重%	信息來源
新產品銷售額	考核期內新產品銷售合約簽訂的銷售額	15	財務部
新產品銷售計劃完成率	新產品銷售計劃完成率＝新產品銷售額/當前該類市場銷售額×100%	20	銷售部
新產品市場佔有率	新產品市場佔有率＝新產品銷售額/當前該類產品市場銷售額×100%	15	銷售部 市場部
新產品銷售回款率	新產品銷售回款率＝實際回款額/計劃回款額×100%	10	財務部
新產品銷售合約履約率	新產品銷售合約履約率＝實際銷售額/合約簽訂銷售額×100%	10	財務部
新產品銷售費用節省率	新產品銷售費用節省率＝(新產品費用預算－實際發生的銷售費用)/促銷費用預算×100%	10	財務部
新產品推廣度	進行市場調研，以電話訪問、電子郵件、郵寄問卷等形式調查新產品認知程度	20	市場部 銷售部

四、考核評分規定

新產品推廣考核評分標準

考核項目	評分標準	權重%
新產品銷售額	1.目標值爲___元 2.每低元，扣___分；每高___元，加___分 3.新產品銷售額低於___元時，該項得分爲0	15
新產品銷售計劃完成率	1.目標值爲___% 2.每低___%，扣___分 3.新產品銷售計劃完成率低於___%時，該項得分爲0	20
新產品市場佔有率	1.目標值爲___% 2.每低___%，扣___分；每高___%，加___分 3.新產品市場佔有率低於___%時，該項得分爲0	15
新產品銷售回款率	1.目標值爲___% 2.每低___%，扣___分；每高___%，加___分 3.新產品銷售回款率低於___%時，該項得分爲0	10
新產品銷售合約履約率	1.目標值爲___% 2.每低___%，扣___分；每高___%，加___分 3.新產品銷售合約履約率低於___%時，該項得分爲0	10
新產品銷售費用節省率	1.目標值爲___% 2.每低___%，扣___分；每高___%，加___分 3.新產品銷售費用節省率低於___%時，該項得分爲0	10
新產品推廣度	1.目標值爲___% 2.每低___%，扣___分；每高___%，加___分 3.新產品推廣度低於___%時，該項得分爲0	20

按照新產品推廣銷售的考核指標，結合公司的發展規劃和銷售目標，人力資源部會同銷售部制定考核評分標準，具體如上表所示。

五、考核結果運用

1.考核得分採取百分制的形式，人力資源部匯總計算考核結果後，報銷售總監審批。審批通過後，考核結果向銷售專員公開。

2.根據考核結果對銷售專員進行強制排序，劃分 A、B、C、D、E 五個等級，使銷售專員的考核結果接近正態分佈，以起到獎優罰劣的作用。詳細請參照下表所示。

新產品推廣銷售考核結果評級對照表

綜合評定等級	A	B	C	D	E
強制分佈比例	5%～10%	15%～20%	其餘	15%～20%	5%～10%

3.考核結果可運用到銷售專員的薪資調整、晉升、培訓等相關工作當中。新產品推廣銷售的考核結果對薪資調整的影響如下所示。

新產品推廣銷售對銷售專員的薪資調整表

部門人員比例	評定等級	薪資調整
5%～10%	A	基本工資×2＋個人新產品銷售額×5%
15%～20%	B	基本工資×1.5＋個人新產品銷售額×4%
其餘	C	基本工資＋個人新產品銷售額×3%
15%～20%	D	基本工資＋個人新產品銷售額×2%
5%～10%	E	基本工資＋個人新產品銷售額×1%

11 維修服務專員績效考核方案設計

明確維修服務專員的工作範圍及工作重點，爲維修服務單位的績效考核工作提供依據。

獎勤罰懶，提高維修服務的工作品質。

一、考核頻率

通過月考核的方法，對維修服務專員當月的工作表現進行考核。考核時間爲下月的1～5日，如遇節假日順延。

二、考核細則

對維修服務專員的考核包括工作任務完成情況、工作態度和工作能力三個方面，其考核指標和評分標準具體如表所示。

維修服務專員績效考核表

考核內容	考核指標	分值	評分標準
工作任務完成情況（75分）	客戶回應及時率	10	1.目標值爲___% 2.回應不及時，每發生1次扣___分；客戶回應及時率低於___%時，該項得分爲0
	維修服務及時率	10	1.目標值爲___% 2.維修不及時，每發生1次扣___分；維修服務及時率低於___%時，該項得分爲0

續表

工作任務完成情況（75分）	客戶檔案完整率	10	1.目標值爲___% 2.無記錄或記錄不完整，每發生1例，扣___分；客戶檔案完整率低於___%時，該項得分爲0
	貨物收發準確率	10	1.目標值爲___% 2.貨物收發不及時、不準確，每發生1例，扣___分；貨物收發準確率低於___%時，該項得分爲0
	工具裝備完好率	10	1.目標值爲___% 2.個人持有工具裝備異常受損，每發生1例，扣___分；工具裝備完好率低於___%時，該項得分爲0
	維修報告提交及時率	10	1.維修報告中包括需記錄維修的時間、數量、產品型號及退換情況，提交及時率的目標值爲___% 2.報告提交不及時或不完整，每發生1例，扣___分；維修報告提交及時率低於___%時，該項得分爲0
	客戶回訪完成率	5	1.目標值爲___% 2.每少___%，扣___分；客戶回訪完成率低於___%時，該項得分爲0

續表

工作任務完成情況（75分）	客戶滿意度	10	1.目標值爲____分 2.每少____分，扣____分；客戶滿意度低於____分時，該項得分爲0
工作態度（10分）	考勤	5	遲到早退現象，出現第1次扣____分，3次以上每次扣____分；遲到早退達到____次時，該項得分爲0
	紀律	5	違反公司規定，每發生1次扣____分；儀容儀表檢查不合格，每發生1次扣____分
工作能力（15分）	溝通能力	5	按照A、B、C、D、E五個等級，以____分爲單位，由主管領導直接評分
	自控能力	5	
	應變能力	5	

三、考核結果運用

依據上述考核評分依據和公司制定的績效獎懲規定，對考核成績進行運用。具體情況如表所示。

維修服務專員考核結果運用表

等級	考核成績(X)	考核結果運用
A	90≤X≤100	獎勵______元獎金
B	80≤X＜90	獎勵元獎金
C	70≤X＜10	扣發當月獎金
D	60≤X＜70	扣發當月獎金，罰______元
E	X＜60	留職察看

12 銷售人員提成考核方案設計

爲規範銷售人員的提成核算工作，提高銷售人員的工作積極性、主動性，完成銷售目標，特制定本方案。

一、適用範圍

本方案適用於公司銷售人員的提成核算、發放等工作。

二、考核原則

1.公平、公正、公開原則。

2.多勞多得原則。

3.以提高工作業績爲導向原則。

三、銷售人員的薪資構成

公司銷售人員的薪資由基本工資、提成和年獎金三部份構成。

四、銷售提成核算考核

1.確定提成比例

公司針對產品的不同特性，制定不同的銷售提成比例，考核指標包括銷售任務額、銷售回款率等。

銷售人員薪酬結構

職位級別		薪酬構成
銷售部經理		基本工資 25000 元＋提成＋年獎金
銷售主管		基本工資 23000 元＋提成＋年獎金
銷售專員	高級銷售專員	基本工資 15000 元＋提成＋年獎金
	普通銷售專員	基本工資 12000 元＋提成＋年獎金
	試用期銷售專員	試用期時間爲 1～3 個月，試用期間發放基本工資 22000 元，無提成
備註	1.基本工資每月 15 日發放，如遇節假日則順延至最近工作日發放 2.根據銷售業績與回款情況計算提成，隨基本工資每月發放 3.每年對銷售人員進行考核，根據考核結果，於次年第 1 個工資發放日發放年獎金	

各產品銷售提成比例一覽表

序號	產品名稱	規格型號	考核指標		提成比例
			銷售任務（元）	回款率下限（%）	
1	××	××	___元	___%	1.未完成銷售任務的，按___%計提 2.完成銷售任務的，按___%計提；超出部份按___%計提
2					
3					
4					

2. **確定提成核算標準**

⑴銷售人員獨立完成銷售業務的，提成金額全部歸銷售人員所有。

⑵銷售人員共同完成銷售業務的，提成金額按照如下表所示的係數換算。

銷售提成係數對照表

職級	銷售部經理	銷售主管	高級業務員	普通業務員
提成係數	8	5	3	2

⑶提成金額計算公式

①銷售提成金額＝回款額×提成比例

②單一係數銷售提成分配值＝銷售提成金額/Σ組合內銷售人員提成係數

③某銷售人員應得提成＝本人銷售提成係數×單一係數銷售提成分配值

五、銷售提成發放考核

銷售提成的發放依據是回款情況，考核指標包括銷售回款率、應收賬款週轉天數。

1. **銷售提成發放標準**

銷售提成發放標準的具體規定如下表所示。

2. **指標說明**

⑴回款率回款率＝實際回款額/當期應到賬的應收賬款×100%

銷售提成發放標準表

回款情況		發放標準
回款率 100%且在應收賬款平均週轉天數警戒線以內		一次性全額兌現銷售提成
回款率 80%以上且在應收賬款平均週轉天數警戒線以內		預先兌現銷售提成，待回款全額到位後清算兌現
實際應收賬款週轉天數超過平均週轉天數警戒線 20%(含)～30%		提成按照其降幅 10%結算
實際應收賬款週轉天數超過警戒線 30%(含)～40%		提成按照其降幅 20%結算
實際應收賬款週轉天數超過警戒線 40%(含)～50%		提成按照其降幅 30%結算
實際應收賬款週轉天數超過警戒線 50%及以上		提成按照其降幅 40%結算
說明	應收賬款平均週轉天數警戒線由公司根據財務狀況和產品特點，確定一個應收賬款平均週轉天數作爲標準。實際應收賬款週轉天數超過警戒線時，表明公司資金週轉率低、回款速度慢，爲防止壞賬損失，應加大催款力度	

(2)應收賬款回款警戒天數

指公司根據歷史數據和財務狀況制定的公司經營允許的最長的應收賬款週轉天數。

(3)實際應收賬款週轉天數

①應收賬款的平均餘額是指在一段時間內應收賬款的平均數，其計算方式如下。

應收賬款平均餘額＝Σ應收賬款月積數/Σ收款間隔天數

②實際應收賬款週轉天數＝應收賬款平均餘額/應收賬款初始掛賬額×Σ收款間隔天數

③實際應收賬款週轉天數超警戒天數比率＝(實際應收賬款週轉天數－應收賬款回款警戒天數)/應收賬款回款警戒天數×100%

六、年獎金計提與發放考核指標

年獎金計提與發放考核指標包括年考核結果、考勤考紀等。

人力資源部根據年考核結果，將銷售人員分為優秀、良好、一般、及格、差五個等級，根據不同的等級制定不同的年獎金發放標準。具體的發放標準如表所示。

銷售人員年獎金發放標準

考核指標		年資金發放標準
年考核結果	優秀(90～100分)	月基本工資×2＋超額完成銷售任務部份×2%
	良好(80～89分)	月基本工資×1.5＋超額完成銷售任務部份×1.5%
	一般(70～79分)	月基本工資＋超額完成銷售任務部份×1%
	及格(60～69分)	月基本工資
	差(59分及以下)	無年獎金
考勤		年內請事假超過兩個月的員工，取消其年獎金發放資格
考紀		嚴重違反公司相關規章制度或承擔刑事責任的員工，取消其年獎金發放資格
其他		對於辭職或解僱的員工及停薪留職的員工，取消其年獎金發放資格

13 銷售人員獎勵考核方案設計

確保獎勵工作公平、公正，以提高銷售業績爲導向；激發銷售人員的工作熱情，完成個人銷售目標，進而完成公司的整體銷售目標。

一、銷售人員獎勵類別

1.優秀團隊獎。

2.優秀區域獎。

3.月銷售明星獎。

4.優秀銷售新人獎。

5.年銷售標兵獎。

6.報價獎勵。

二、優秀團隊獎發放考核

1.獎項說明

公司依據每月總目標的完成率，對取得前三名的團隊，公司分別給予獎勵，獎勵數額爲_____元～_____元。優秀團隊獎每月發放。

2.考核指標

優秀團隊獎的考核指標是月團隊績效考核結果，包括團隊銷售業績、團隊銷售回款情況等。

三、優秀區域獎發放考核

1.考核指標

優秀區域獎的考核指標是區域銷售任務完成率，即區域銷售任務完成率達到 100%以上。每季完成銷售任務最好的兩個區域可獲優秀區域獎。

2.發放標準

優秀區域獎按季發放，獎勵數額爲____元。

四、月銷售明星獎發放考核

1.月銷售明星獎評比

月銷售明星獎是根據銷售人員的銷售計劃完成率、銷售費用率、銷售回款率、呆賬率、事務管理和日常工作表現六項指標綜合評定。其具體計算方法如下表所示。

月銷售明星獎計算方法

指標	分值	計算方法
銷售計劃完成率	40	每超出(低於)公司規定的目標值___%，獎勵(扣減)___分
銷售費用率	15	每低於(超出)公司規定的目標值___%，獎勵(扣減)___分
銷售回款率	15	每超出(低於)公司規定的目標值___%，獎勵(扣減)___分
呆賬率	10	每超出公司規定的目標值___%，扣減___分
事務管理	10	業務報表每遲送一次，扣減___分；按時送達，但每出現一處錯誤，扣減___分
日常工作表現	10	每出現一次違反公司規章制度情節較輕的情況，扣減___分；情節嚴重者，取消接受獎勵的資格

2.根據上述計算方法，對於得分位列前三名的銷售人員，公司將給予不同的獎勵，具體如下表所示。

月明星獎獎勵數額一覽表

名次	獎勵數額
第一名	5000 元
第二名	3000 元
第三名	2000 元

五、優秀銷售新人獎發放考核

爲鼓勵新進銷售人員，提高其工作積極性，公司每年設優秀銷售新人獎。

1.獎勵對象

優秀銷售新人獎的獎勵對象包括正式入職未滿一年的銷售人員。因自身行爲在考核期內違反公司規定、給公司造成重大損失或惡劣影響的銷售新人除外。

2.獎勵方式

按銷售區域劃分，公司每年在每個銷售區域評選出兩名優秀銷售新人，獎勵金額爲第一名 1000 元，第二名 800 元。

3.獎勵考核指標設計及評分標準

優秀銷售新人的考核評分標準如表所示。

優秀銷售新人考核表

考核分類	考核指標	權重%	評分標準	得分
定量指標 (75%)	月平均銷售額	15	目標值爲___萬元，考核結果每少___萬元，扣___分	
	重點產品月平均銷售額	15	目標值爲___萬元，考核結果每少___萬元，扣___分	
	客戶開發數量	5	目標值爲___個，考核結果每少___個，扣___分	
	月平均銷售回款完成率	15	目標值爲___%，考核結果每低___%，扣___分	
	客戶投訴次數	5	每接到客戶有效投訴一次，扣___分；接到客戶有效投訴三次及以上時，該項得分爲 0	
	銷售利潤率	10	目標值爲___%，考核結果每低___%，扣___分	
	銷售費用率	10	目標值爲___%，考核結果每低___%，扣___分	
定性指標 (25%)	溝通能力	5	1.溝通能力良好，得___分 2.溝通能力一般，得___分 3.溝通能力較差，得___分	
	協作能力	5	1.協作能力良好，得___分 2.協作能力一般，得___分 3.協作能力較差，得___分	

續表

定性指標 (25%)	工作主動性	5	1.工作主動性好，積極性高，得___分 2.工作主動性一般，得___分 3.工作消極被動，得___分	
	銷售知識 掌握程度	10	1.充分掌握銷售知識，筆試得分爲90分及以上，得10分 2.筆試得分每低___分，扣___分 3.筆試得分在___分以下時，該項得分爲0	
總分				
備註	1.對銷售知識的掌握程度的考核，由銷售部經理與人力資源部經理共同出題，採用筆試的形式考核，滿分爲100分 2.其他定性考核指標由銷售新人的直接主管進行評價，銷售部經理審批分析評價結果 3.定量指標數據來源於財務部、銷售部、市場部等相關部門的數據統計			

六、年銷售標兵獎發放考核

年銷售標兵獎的考核依據是銷售人員年績效考核結果，對於得分位列前五名的銷售人員，公司爲其頒發年銷售標兵獎，並給予不同的獎勵。具體如表所示。

七、報價獎勵發放考核

1.獎勵範圍

如果銷售人員能以高於公司核定的銷售價售出產品，則提取(合約銷售額－核定銷售額)×20%作爲銷售人員的報價獎勵。

年銷售標兵獎勵數額一覽表

名次	獎勵數額
第一名	25000 元
第二名	20000 元
第三名	15000 元
第四名	10000 元
第五名	5000 元

2.獎勵發放

報價獎勵於簽訂合約並收到 70%的貨款時按同比例發放，獎勵餘額在收回總貨款 95%後核算並發放。

八、考核獎懲

如有虛報銷售業績者或弄虛作假者，一經查出，除收回所發獎勵外，還將按照公司相關規定予以懲處。

心得欄

14 銷售主管銷售回款考核方案設計

爲確保完成銷售回款目標，加強公司的資金管理，落實公司的目標管理制度，特制定本責任書。

一、主要職責

銷售主管的主要職責是在銷售部經理的領導下，組織銷售專員開拓銷售市場，開發新客戶，加強銷售回款管理，完成銷售任務和回款任務。

二、回款工作目標

1.根據銷售區域與銷售品類的不同，銷售主管的回款工作目標各異。下表爲銷售主管的年總回款目標的分解情況。

銷售主管年回款目標分解

產品類別 / 回款目標 / 銷售片區	Ⅰ類產品			Ⅱ類產品		
	職位	回款額	回款率	職位	回款額	回款率
A片區（成熟期市場）	銷售部經理	____元	____%	銷售部經理	____元	____%
	銷售主管	____元	____%	銷售主管	____元	____%

續表

B片區（發展期市場）	銷售部經理	____元	____%	銷售部經理	____元	____%
	銷售主管	____元	____%	銷售主管	____元	____%
C片區（導入期市場）	銷售部經理	____元	____%	銷售部經理	____元	____%
	銷售主管	____元	____%	銷售主管	____元	____%
備註	銷售主管各階段詳細回款目標分解，請參照《銷售主管年各階段回款目標分解表》					

2.銷售主管年各階段回款目標如表所示。

____區銷售主管年各階段回款目標分解表

產品／回款目標／時間		I 類產品	II 類產品	I 類產品	II 類產品
		回款額	回款率	回款額	回款率
第一季	1月	____元	____%	____元	____%
	2月	____元	____%	____元	____%
	3月	____元	____%	____元	____%
	綜合	回款總額____元 平均回款率____%		回款總額____元 平均回款率____%	

續表

第二季	4 月	____元	___%	____元	___%
	5 月	____元	___%	____元	___%
	6 月	____元	___%	____元	___%
	綜合	回款總額____元 平均回款率___%		回款總額____元 平均回款率___%	
第三季	7 月	____元	___%	____元	___%
	8 月	____元	___%	____元	___%
	9 月	____元	___%	____元	___%
	綜合	回款總額____元 平均回款率___%		回款總額____元 平均回款率___%	
第四季	10 月	____元	___%	____元	___%
	11 月	____元	___%	____元	___%
	12 月	____元	___%	____元	___%
	綜合	回款總額____元 平均回款率___%		回款總額____元 平均回款率___%	
各類產品年回款目標		回款總額____元 平均回款率___%		回款總額____元 平均回款率___%	
總回款目標		回款總額____元		平均回款率____%	

三、回款工作考核

1.回款工作考核

根據回款工作目標，公司制定了《銷售主管回款工作考核表》，具體如表所示。

銷售主管回款工作考核表

考核指標	權重(%)	指標考核	
		目標值	考核標準
個人回款額	10	___元	1.每減少___元，扣___分 2.個人回款額低於___元時，該項得分爲 0
個人回款目標達成率	15	___%	個人回款目標達成率＝實際回款額/計劃回款額×100% 1.每減少___%，扣___分 2.個人回款目標達成率低於___%時，該項得分爲 0
團隊回款日標達成率	5	___%	1.每減少%，扣___分 2.團隊回款目標達成率低於___%時，該項得分爲 0
應收賬款逾期率	10	___%	應收賬款逾期率＝逾期賬款/合約應收賬款×100% 1.每增加___%，扣___分 2.應收賬款逾期率高於___%時，該項得分爲 0
平均收賬成功率	10	___%	平均收賬成功率＝回款額/應收賬款×100% 1.每減少%，扣___分 2.平均收賬成功率低於___%時，該項得分爲 0
銷售回款上交及時率	5	___%	銷售回款上交及時率＝及是上交的回款額/實際回款額×100% 1.每減少___%，扣___分 2.銷售回款上交及時率低於___%時，該項得分爲 0

續表

回款費用率	5	___%	回款費用率＝回款工作發生的費用/實際回款額×100% 1.每減少___%，扣___分 2.回款費用率高於___%時，該項得分爲 0
定期對賬工作按時完成率	5	___%	定期對賬工作按時完成率＝按照完成的對賬次數/規定的對賬次數×100% 1.每減少%，扣___分 2.定期對賬工作按時完成率低於___%時，該項得分爲 0
回款工作報告合格率	5	___%	回款工作報告應包括本期貨款回收總述、欠款出現原因分析、貨款回收過程等，並須及時上交，公式爲： 回款工作報告合格率＝合格的回款報告數/需上交的回款報告數×100% 1.每減少___%，扣___分 2.回款工作報告合格率低於___%時，該項得分爲 0
下屬銷售人員達成率	5	___%	考核下屬人員回款任務的達成情況，計算公式爲： 下屬銷售人員達成率＝下屬銷售人員達標人數/下屬銷售人員總數×100% 1.每減少___%，扣___分 2.下屬銷售人員達成率低於___%時，該項得分爲 0

續表

賒銷權限與賒銷程序執行度	5	1.遵守賒銷權限，嚴格執行賒銷程序，控制發貨量和發貨時間 2.賒銷情況不符合標準的，每發現一次扣___分
客戶分級管理與資料更新	5	1.嚴格按照分級標準進行客戶分級，並及時更新完善客戶檔案 2.分級管理不當或資料錯誤，每發現一次扣___分
客戶信用等級評估	5	1.嚴格按照信用等級標準劃分客戶信用等級，並確定賒銷額度 2.賒銷額度不合理或信用等級不符合標準的，扣___分
賬齡分析	5	1.對每一筆交易進行全程的跟蹤記錄與總結，賬齡分析表清晰、詳細，明確反映回款步驟 2.每發現一次錯漏情況扣___分 3.錯漏次數在___次以上的，該項得分爲0
每日回款入賬工作執行	5	1.每日工作結束前將當日收入存入公司財務部建立的「只能存不能取」帳戶，公司對賬無錯漏 2.每發現一次錯漏情況或賬款核對不一致，扣___分
總考核得分		

2.**回款工作能力考評**

對銷售主管的回款工作能力考評包括銷售主管自評、直接上級評價、其他銷售主管評價、直接下級評價幾部份。具體考核內容如表所示。

銷售主管回款工作能力考評表

被考評人姓名			被考評人職務	銷售主管			
考評人姓名			考評人職務				
考評期	____年___月___日～____年___月___日						
考評實施時間	____年___月___日～____年___月___日						
考核項目	權重%	考核內容	5分	4分	3分	2分	1分
回款知識技能	20	熟悉回款工作要求、流程和規範					
		瞭解各產品特點與市場特點對回款的影響					
		熟悉各種科學、有效的回款技巧					
		掌握客戶結賬程序和結算週期					
指導與培養下屬	20	能夠與下屬建立雙向溝通，鼓勵下屬分享回款經驗與技巧					
		能夠協助下屬確定未來具有挑戰性的回款目標，並在實施過程中及時給予指導					
		能夠全面、即時並及時地完成回款工作評估					
		能夠建立並保持一個高效的工作團隊					
客戶管理能力	20	掌握客戶的第一手資料，高度關注客戶動向					
		回款工作以客戶爲中心，瞭解客戶的狀況並及時尋找對策					

續表

客戶管理能力	20	及時解決客戶的疑問與投訴，提出改進意見					
		與客戶建立良好的關係，贏得客戶的信任和尊重					
主動性	20	主動開展工作，並非一味服從上級安排					
		不斷創新回款技巧，且行之有效					
		主動開展工作，努力超越目標					
		勇於向傳統模式提出挑戰並進行創造性的嘗試					
計劃組織能力	20	能夠合理分解回款目標，確定工作期限，並組織團隊完成任務					
		能夠有效制訂並執行團隊回款工作計劃					
		面對可能存在的問題，及時制定預案，能夠提高團隊協作能力，營造良好的工作氣氛，領導團隊共同完成工作目標					
考核得分							
備註	回款能力考核得分＝直接上級考核得分×40%＋直接下級考核平均得分×30%＋其他銷售主管考核平均得分×20%						

3. 考核最終得分

銷售主管回款考核最終得分的計算公式如下。

銷售主管回款考核最終得分＝回款工作考核得分×70%＋回款能力考核得分×30%

4.不同區域銷售主管的考核

由於區域市場的成熟度和產品組合不同，公司須對不同區域銷售主管的回款工作考核項進行修正。

⑴考核最終得分計算公式

銷售主管回款考核最終得分＝回款工作考核得分×70%×修正係數＋回款能力考核得分×30%

⑵修正係數

不同區域銷售主管的考核修正係數，如表所示。

不同銷售主管考核修正係數對照表

銷售主管／修正係數／產品類別	A片區銷售主管	B片區銷售主管	C片區銷售主管
Ⅰ類產品	0.9	1	1.1
Ⅱ類產品	1	1.1	1.2
Ⅲ類產品	1.1	1.2	1.3

5.考核結果運用

⑴考核結果將影響到銷售主管綜合績效考核和銷售評比。

⑵考核結果將會影響銷售主管薪資的發放。

⑶公司根據考核結果，結合獎懲辦法對銷售主管實施獎懲。

15 銷售主管晉升考核方案設計

公司若有一銷售部經理職位空缺，目前A地區和B地區各有一名銷售主管可作為候選人，為選出合適的銷售主管部經理，特制定本考核方案。

一、晉升考核內容

對銷售主管晉升考核採取晉升考評小組評價和晉升候選人自評的方式，每項均為100分，其中晉升考評小組權重為80%，自我評價權重為20%。

1.晉升考評小組評價

人力資源部組織成立晉升考評小組，小組成員包括銷售總監、銷售部經理、人力資源部經理和其他對銷售部經理崗位熟悉的人員。晉升考評小組對銷售主管的業績和勝任素質進行評價，具體內容如下。

(1)業績考核(40%)

銷售主管業績考核如表所示。

銷售主管業績考核表

考核指標	分值	評價標準	得分
銷售目標完成率	10	1.銷售目標完成率＝實際完成銷售額/計劃銷售額×100% 2.目標值爲 100%，如未完成該項得分爲 0 3.銷售目標完成率低於___%時，取消晉升資格	
銷售增長率	5	1.銷售增長率＝(當期銷售額－上期銷售額)/上期銷售額×100% 2.目標值爲___%，如未完成該項得分爲 0 3.低於上期銷售增長率，則取消晉升資格	
管道拓展計劃完成率	5	1.管道拓展計劃完成率＝實際完成管道拓展數量/計劃完成管道拓展數量×100% 2.目標值爲 100%，如未完成該項得分爲 0 3.管道拓展計劃完成率低於___%時，取消晉升資格	
銷售回款率	5	1.銷售回款率＝實收銷售款金額/應收銷售款總額×100% 2.目標值爲 100%，如未完成該項得分爲 0 3.銷售回款率低於___%時，取消晉升資格	
銷售費用率	5	1.銷售費用率＝產品銷售費用/產品銷售收入×100% 2.目標值爲___%，如未完成該項得分爲 0 3.銷售費用率超過___%時，取消晉升資格	
新增客戶數量	5	目標值爲___個，每增加 1 個，加___分；超過___個，得 5 分	
重點客戶流失數量	5	1.出現重點客戶流失現象，該項得分爲 0 2.重點客戶流失超過 3 小時，取消晉升資格	

⑵能力素質考核(60%)

銷售主管能力素質考核如表所示。

銷售主管能力素質考核表

考核項目	評價要素	評分標準				
		好 100	較好 80	一般 70	較差 60	差 40
市場拓展能力	能否應用信息收集、市場分析的專業知識和溝通、組織、管理的技能，研究新產品開發和開展現有市場拓展工作					
領導激勵能力	是否瞭解他人需求，引導下屬積極主動地開展工作，用獎勵和表彰等方式提高員工的積極性					
團隊協作能力	是否以團隊整體為己任，建立、維護高效的團隊，完成團隊目標					
主動性	對本職工作是否有積極持久的工作熱情，對分內、分外的事能否積極、主動地去做					

2.自我評價

銷售主管客觀地對自己進行評價，如實填寫《晉升自評表》，如表所示。

銷售主管晉升自評表

<table>
<tr><td>姓名</td><td></td><td>性別</td><td></td><td>工作時間</td><td></td></tr>
<tr><td>最高學歷</td><td></td><td colspan="2">畢業院校及專業</td><td colspan="2"></td></tr>
<tr><td colspan="2">主要工作成果
（列舉自從事銷售工作以來主要的工作成果）</td><td colspan="4">1.
2.
3.</td></tr>
<tr><td rowspan="2">任職銷售部經理的優劣勢
（要求舉例）</td><td>優勢</td><td colspan="4">1.
2.</td></tr>
<tr><td>劣勢</td><td colspan="4">1.
2.</td></tr>
<tr><td rowspan="2">自我評分</td><td colspan="2">願意嘗試
（60～69 分）</td><td colspan="2">可以勝任
（70～89 分）</td><td>完全可以勝任
（90～100 分）</td></tr>
<tr><td colspan="2"></td><td colspan="2"></td><td></td></tr>
</table>

二、考核結果應用

1.晉升考核總分計算

總分＝晉升考評小組考評得分×80%＋銷售主管自我評分×20%。

其中，晉升考評小組考評得分＝業績考核得分×40%＋能力素質考核得分×20%。

2.考核結果應用

⑴若兩位候選人考核總分相差 5 分（含）以上，則得分高者晉升爲銷售部經理。

⑵若兩位候選人考核總分相差 5 分以內，即兩者得分相同或相差不大，則需考慮以下三種情況，確定最終人選。

①考慮單項指標，如「團隊協作能力」，因銷售部經理更重要的是帶領團隊完成銷售任務，團隊協作能力較差的人則不適合做銷售部經理。此時，就應選擇團隊協作能力得分較高的候選人。

②考慮候選人所在市場的實際情況，如 A 地區是成熟市場，B 地區爲新開發市場，此時，應選 B 地區主管爲晉升人選，因爲其有更好的市場開拓能力。

③考慮候選人在公司的工作年限，如 A 地區主管工作年限短，B 地區主管工作年限長，確定最終人選時，應考核兩者的忠誠度和穩定性，此種情況應根據公司和候選人的實際情況，慎重選擇。

心得欄

16 銷售人員晉升考核制度

第1章 總則

第1條 目的

爲了提升銷售人員的個人素質和能力，充分激發全體銷售人員工作的主動性和積極性，並在公司內部建立公平、公正、公開的競爭機制，規範公司銷售人員晉升的工作流程，特制定本制度。

第2條 適用範圍

公司全體銷售人員，試用期銷售人員除外。

第3條 考核原則

1.堅持公平公正原則。

2.堅持業績貢獻和能力素質相匹配原則。

第2章 晉升形式、方向及基本條件

第4條 晉升形式

1.定期晉升

公司每年根據公司的經營情況，年底統一晉升銷售人員。

2.不定期晉升

對公司有特殊貢獻、表現優異的銷售人員，可隨時予以晉升。

第5條 晉升方向

銷售人員的晉升方向如圖所示。

銷售人員晉升通道圖

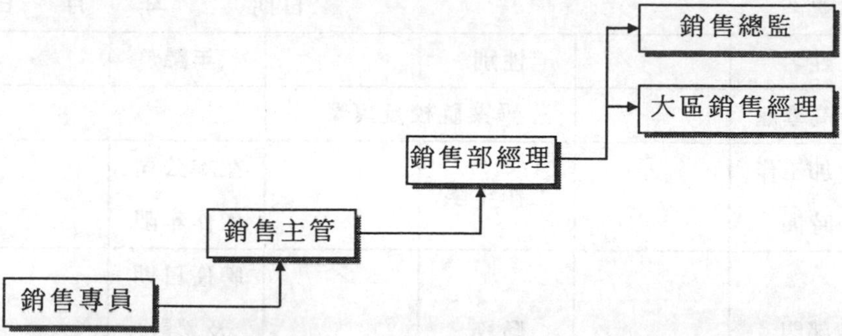

第 6 條　晉升基本條件

1.銷售專員晉升基本條件

(1)具有專科以上學歷。

(2)最近一年績效考核成績在 80 分(含)以上。

2.銷售主管、經理晉升基本條件(1)具有本科以上學歷。

(2)歷年年考核成績在 80 分以上。

(3)擔任原職至少兩年，有突出貢獻者可縮短爲一年。

第 3 章　晉升申請

第 7 條　每年年底人力資源部組織晉升時，由銷售部填寫《晉升推薦表》或符合晉升條件的人員自行填寫《晉升申請表》，提交人力資源部審核。

第 8 條　對於有突出貢獻者的晉升申請，在做出突出貢獻後五個工作日內，由銷售部負責人填寫《晉升推薦表》，由人力資源部提交總經理批准後進行晉升考核。

晉升推薦表

編號：　　　　　　　　　　　　　　日期：　　年　　月　　日

姓名		性別		年齡	
最高學歷		畢業院校及專業			
參加工作時間		工作年限		在本公司工作年限	
部門		職務		聘任日期及累計聘任時間	
推薦理由及晉升原因					
員工自評（優、劣勢）				簽名： 日期：　　年　　月　　日	
部門負責人意見				簽名： 日期：　　年　　月　　日	

晉升申請表

編號：　　　　　　　　　　　　　　日期：　　年　　月　　日

晉升崗位		所屬部門			
姓名		性別		所在部門/崗位	
學歷		工作時間		入職時間	

續表

<table>
<tr><td rowspan="3">學習培訓經歷</td><td>起止時間</td><td colspan="2">院校/培訓機構名稱</td><td colspan="2">專業/培訓內容</td><td>獲得學位或資格</td></tr>
<tr><td></td><td colspan="2"></td><td colspan="2"></td><td></td></tr>
<tr><td></td><td colspan="2"></td><td colspan="2"></td><td></td></tr>
<tr><td rowspan="3">工作經歷</td><td colspan="2">起止時間</td><td colspan="2">單位部門/職務</td><td colspan="2">業績描述</td></tr>
<tr><td colspan="2"></td><td colspan="2"></td><td colspan="2"></td></tr>
<tr><td colspan="2"></td><td colspan="2"></td><td colspan="2"></td></tr>
<tr><td>自我評價</td><td colspan="6">簽名：
日期：　　年　月　日</td></tr>
<tr><td>本部門負責人意見</td><td colspan="6">簽名：
日期：　　年　月　日</td></tr>
</table>

第 4 章　晉升考核程序

第 9 條　成立晉升考評小組

人力資源部按以下標準組織成立晉升考評小組。

1.小組成員應對各評價崗位職責及任職人員的情況非常熟悉，且能做出客觀公正的評價。

2.小組成員人數一般爲 10 人左右。

第 10 條　確定晉升考核方式及標準

晉升考評小組根據擬晉升崗位的特點確定晉升考核方式及標準。

第 11 條　實施晉升考核

晉升考評小組按照事先確定好的考核方式和標準對晉升對象進行客觀公正的考核。

第 12 條　運用考核結果

晉升考評小組根據考核得分確定最終的晉升人選，並對落選人員做出相應的處理。

第 13 條　審核晉升結果

晉升考評小組將考核結果填入《晉升審核表》，經人力資源部調查核准後，報請總經理批准。

晉升審核表

編號：　　　　　　　　　　　　　日期：　　年　　月　　日

姓名		性別		年齡	
最高學歷		畢業院校及專業			
參加工作時間		工作年限		在本公司工作年限	
部門及原崗位		晉升後崗位			
晉升考核結果					
本部門負責人意見	簽名： 日期：　　年　　月　　日				
人力資源部調查結果	簽名： 日期：　　年　　月　　日				
晉升考評小組意見	簽名： 日期：　　年　　月　　日				
覆核結論					
批准	總經理（簽章）： 日期：　　年　　月　　日				

第 14 條　公佈晉升結果

總經理批准後，人力資源部公佈晉升結果。

第 5 章　晉升申訴

第 15 條　申訴

晉升結果公佈後五個工作日內，當事人如對晉升結果有異議，可向人力資源部提交《晉升考核申訴表》進行申訴。

晉升考核申訴表

編號：　　　　　　　　　　　　　　　　日期：　　年　　月　　日

姓名		性別		年齡	
最高學歷		畢業院校及專業			
參加工作時間		工作年限		在本公司工作年限	
部門及原崗位		晉升後崗位			
申訴內容					
本部門負責人意見				簽名： 日期：　年　月　日	
人力資源部調查結果				簽名： 日期：　年　月　日	
晉升考評小組意見				簽名： 日期：　年　月　日	
覆核結論					
批准				總經理（簽章）： 日期：　年　月　日	
說明					

第 16 條　申訴處理

人力資源部接到申訴後，應積極對待，配合相關部門進行處理，並及時給予申訴人員客觀公正的答覆。

第 6 章　附則

第 17 條　本制度由人力資源部制定、解釋和補充，經總經理批准後實施。

第 18 條　本制度自____年____月____日起執行。

17 服裝賣場導購員考核方案設計

一、服裝賣場導購員量化指標

服裝賣場導購員的主要職責是憑藉豐富的服裝知識與嫺熟的銷售技巧完成賣場或廠家規定的銷售任務，做好顧客接待、服裝推介、試衣及包裝服務等工作。服裝賣場導購員的考核量化指標設計如圖所示。

服裝賣場導購員考核量化指標圖

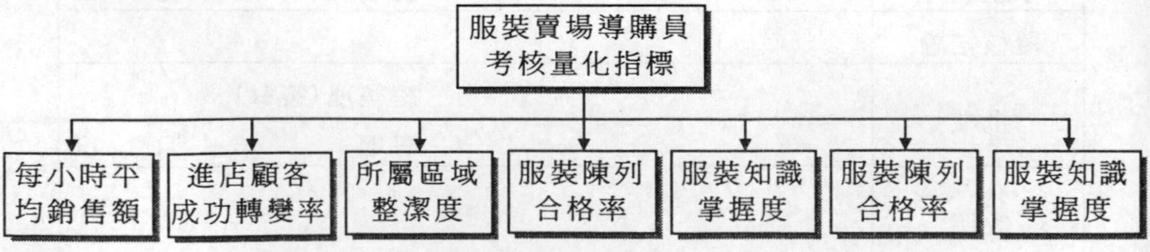

二、服裝賣場導購員考核方案

1. 考核目的

⑴客觀、公正地評價服裝賣場導購員的工作。

⑵為服裝賣場導購員績效獎金的發放、薪資調整及晉升提供依據。

⑶促使服裝賣場導購員提高工作業績。

2. 考核時間

⑴服裝賣場導購員的績效考核包括月考核與年考核。

⑵服裝賣場導購員的月考核時間為每月的 1 日～3 日，考核內容為上月的工作績效；年考核時間為每年的 1 月 2 日～10 日，考核內容為上年的工作績效。

3. 考核主體

服裝賣場導購員的直接主管負責考核服裝賣場導購員的工作績效。

4. 考核程序

公司對服裝賣場導購員的考核程序如下。

⑴確定考核項目

⑵確定考核項目的各項基本指標。

⑶確定考核指標的權重。

⑷設計考核評估表。

⑸實施績效考核。

⑹考核結果的應用。

5. 考核指標

對服裝賣場導購員進行考核時的考核指標如表所示。

服裝賣場導購員績效考核指標表

考核指標	權重%	考核標準
服裝知識掌握度	15	1.服裝知識掌握度＝筆試成績×70%＋口試成績×30% 2.服裝知識掌握度的總分爲 100 分，每減少 10 分，權重相應減少 5%；考核得分小於 60 分時，權重爲 0
每小時平均銷售額	30	1.每小時平均銷售額＝一定時間內的全部銷售額/工作時間 2.目標值爲____萬元 3.考核結果與目標值相比每少___萬元，扣___分
所屬區域清潔度	10	1.所屬區域清潔度＝所屬區域清潔檢查合格次數/所屬區域清潔檢查總次數×100% 2.目標值爲 100% 3.考核結果與目標值相比每減少___%，扣___分
服裝陳列合格率	15	1.服裝陳列合格率＝服裝陳列檢查合格次數/服裝陳列檢查總次數×100% 2.目標值爲 100% 3.考核結果比目標值每少___%，扣___分
服裝損耗額度	10	1.服裝損耗額度是指服裝應做樣品或客戶試穿導致服裝貶值的額度 2.目標值爲 0 3.考核結果比目標值每增加___元，扣___分
進店客戶成功轉變率	10	1.進店客戶成功轉變率＝購買服裝客人總數/進店客人總數×100% 2.目標值爲___% 3.考核結果比目標值每少___%，扣___分
顧客滿意度	10	顧客每投訴一次，扣___分；顧客投訴三次以上，該項得分爲 0

6. **考核結果應用**

考核的總分爲 100 分，可將考核結果分爲五個等級，其具體應用情況如下所示。

服裝賣場導購員績效考核結果應用狀況表

考核得分(A)	考核結果應用
90≤A≤100 分	職位晉升或固定工資上調兩個等級，年獎金全額發放
80≤A≤89 分	固定工資上調一個等級，年獎金發放 90%
70≤A≤79 分	固定工資不變，年獎金發放 80%
60≤A≤69 分	固定工資不變，年獎金發放 60%～70%
A＜59 分	固定工資減少 20%，無獎金

心得欄 --

----

18 飲料公司銷售專員考核方案設計

飲料公司管道銷售專員的主要職責是在管道主管的領導下積極開拓市場，開發符合公司要求的管道商，完成銷售任務，收回銷售貨款。

飲料公司管道銷售專員考核量化指標圖

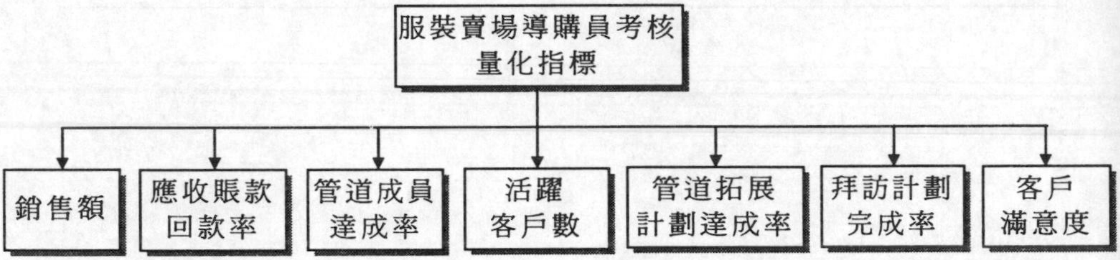

一、目的

1.提高管道銷售專員的工作積極性、主動性，完成個人銷售任務，確保完成公司整體目標。

2.開拓銷售市場，增加銷售網站，提高市場佔有率。

3.爲管道銷售專員的薪酬獎金發放、職位晉升、培訓等決策提供依據。

二、適用範圍

本方案適用於公司對管道銷售專員的考核。

三、考核指標設計

公司從財務層面、內部運營市場層面、客戶層面對管道銷售專員進行考核，具體考核指標設計與說明如下表所示。

管道銷售專員考核指標設計

	考核指標	指標說明
財務層面	銷售額	訂單簽訂的銷售總額
財務層面	應收賬款回款率	應收賬款回款率＝實際回款額/計劃回款額×100%
財務層面	銷售增長率	銷售增長率＝(當期銷售額－上期銷售額)/上期銷售額×100%
財務層面	銷售費用率	銷售費用率＝銷售費用/銷售收入×100%
內部運營市場層面	活躍客戶數	指三個月內有訂貨的客戶總數
內部運營市場層面	拜訪計劃完成率	拜訪計劃完成率＝實際拜訪客戶數/計劃拜訪客戶數×100%
內部運營市場層面	管道成員達成率	管道成員達成率＝管道成員達標數/管道成員總數×100%
內部運營市場層面	報表提交的準確及時率	1.報表包括日常拜訪計劃、銷售預測、促銷計劃、客戶信息管理、客戶信用預警、競爭對手分析信息和促銷結果分析等 2.報表提交的準確及時率＝準確及時上交的報告數/規定須上交的報告數×100%
內部運營市場層面	網點拓展計劃達成率	網點拓展計劃達成率＝網點拓展數量/計劃拓展網點數量×100%

四、考核實施

1.考核時間

⑴月考核，考核時間爲下月 5 日前。

⑵季考核，考核時間爲季後 10 日前。

⑶年考核，考核時間爲次年 1 月 10 日前。

2.考核主體

⑴公司人力資源部負責組織實施並指導監督對管道銷售專員的考核。

⑵管道銷售主管作爲管道銷售專員的直接上級負責對其進行考核。

3.考核評分

⑴評分依據

考核指標計算的數據來源於公司財務部、市場部和銷售部。

⑵評分標準

管道銷售專員的考核評分如表所示。

管道銷售專員考核評分表

考核指標		權重	評分標準	得分
財務方面	銷售額	20	1.目標值爲___元 2.每高___元，加___分；每低___元，扣___分 3.銷售額低於___元時，該項得分爲 0	
	應收賬款回款率	15	1.目標值爲___% 2.每高___%，加___分；每低___%，扣___分 3.回款率低於___%時，該項得分爲 0	

續表

財務方面	銷售增長率	5	1.目標值爲___% 2.每高___%，加___分；每低___%，扣___分 3.增長率低於___%時，該項得分爲 0	
	銷售費用率	10	1.目標值爲___% 2.每低___%，加___分；每高___%，扣___分 3.費用率低於___%時，該項得分爲 0	
內部運營市場層面	活躍客戶數	20	1.目標值爲___個 2.每高個，加___分；每低___個，扣___分 3.活躍客戶數少於___個時，該項得分爲 0	
	拜訪計劃完成率	5	1.目標值爲___% 2.每低___%扣___分 3.完成率低於___%時，該項得分爲 0	
	管道成員達成率	10	1.目標值爲___% 2.每高___%，加___分；每低___%，扣___分 3.管道成員達成率低於___%時，該項得分爲 0	
	報表提交準確及時率	5	1.目標值爲___% 2.每高___%，加___分；每低___%，扣___分 3.準確及時率小於___%時，該項得分爲 0	
	網點拓展計劃達成率	10	1.目標值爲___% 2.每高___%，加___分；每低___%，扣___分 3.完成率低於___%時，該項得分爲 0	

4.考核結果計算

⑴人力資源部匯總各項得分，計算考核最終得分，並按公司規定將考核結果劃分為優秀、良好、中等、及格、差五個等級。

⑵經銷售部經理簽字後，人力資源部將考核結果向個人公開。

5.考核結果申訴

人力資源部在結果公開後的七日內接受管道銷售專員的申訴。

五、考核結果運用

考核結果影響到管道銷售專員工資與獎金的發放、職位調動、培訓等相關決策，具體可參照公司薪酬制度等相關規章制度。

19 家電專賣店銷售專員考核方案設計

家電銷售專員作為公司的基層銷售人員，對實現公司的戰略目標有著重要的意義。公司對家電銷售專員的績效考核方案需要進行設計，以達到真實反映家電銷售人員的工作業績和促進其不斷提高工作業績的目的。

一、績效考核指標

公司對家電銷售專員進行績效考核時應包括家電銷售專員的工作能力、工作態度、顧客滿意度三個方面，並儘量使用可量化的指標，具體指標如表所示。

家電銷售專員績效考核表

考核指標	權重	目標值	考評人	信息來源
家電銷售額	25	____萬元	直接上級	直營店銷售記錄
家電新產品銷售額	20	____萬元	直接上級	直營店銷售記錄
滯銷品銷售額	10	____萬元	直接上級	直營店銷售記錄
家電知識掌握度	15	全部掌握	直接上級	定期測試結果
家電陳列合格率	10	100%	直接上級	日常工作檢查記錄
銷售報表提交	10	100%	直接上級	銷售報表登記簿
顧客滿意度	10	滿意	直接上級	顧客意見簿、日常工作抽查數據

二、考核指標說明

1. 家電銷售額與家電新品種銷售額

⑴考核人員在考核期結束時調出直營店的銷售記錄，根據銷售記錄所記載的各家電銷售專員的家電銷售額與家電新產品的銷售額數值和設定的目標值，計算指標的分值。

⑵家電銷售額與家電新品種銷售額的評分標準爲：每少____萬元扣___分，低於____萬元時分值爲 0。

2. 滯銷品的銷售額

⑴滯銷品是指因各種原因導致消費需求減弱的產品，需要進行促銷以減少庫存的產品。

⑵滯銷品銷售額度的評分標準爲每少____萬元扣___分，低於萬元時分值爲 0。

3.**家電知識掌握度**

⑴考核人員對家電銷售專員進行家電知識掌握度的考核，考核分爲筆試與口試兩種形式。

⑵指標得分＝筆試得分×70%＋口試得分×30%

⑶考核人員根據公司對家電銷售專員的家電知識掌握度的要求設計題目，筆試與口試的分數皆爲 100 分。

⑷家電知識掌握度的指標得分與考核得分的關係如表所示。

指標得分與考核得分關係表

考核得分	15 分	10 分	5 分	0 分
指標得分	95(含)～100 分	85(含)～95 分	70(含)～85 分	70 分以下

4.**家電陳列合格率**

⑴家電陳列合格率＝家電陳列合格次數×100%

⑵家電陳列合格率的評分標準爲考核結果與目標值相比，每少___%，扣___分；考核結果在___分以下時，該項得分爲 0。

5.**銷售報表提交**

⑴家電銷售專員應及時、準確地提交《銷售報表》,《銷售報表》包括各品種家電的銷售數據及缺貨或滯銷記錄。

⑵《家電銷售報表》的評分標準爲考核結果與目標值相比，每晚一天，扣___分；考核結果每發現一處錯誤，扣___分。報表晚交三天或報表錯誤達三處之多時，該項得分爲 0。

6.**顧客滿意度**

⑴考核人員在考核期間對家電銷售專員的對客服務品質進行不定期的抽查，檢查客戶的滿意度。

⑵考核人員在對家電銷售人員進行顧客滿意度的績效考核時，應結合日常檢查數據與顧客意見簿兩個方面的意見。

⑶顧客滿意度考核指標的評分標準爲公司每接到一次顧客有效投訴的信息，扣___分；接到顧客有效投訴三次以上時，該項得分爲 0。

20 汽車 4S 店銷售專員考核方案設計

爲使汽車銷售專員明確自己的工作任務和努力方向，使銷售管理人員充分瞭解下屬的工作狀況，同時提高本店的銷售工作效率，順利完成銷售任務，特制定本方案。

一、適用範圍

本制度考核的對象是 4S 店內的汽車銷售專員，試用期員工不參加考核。

二、考核時間

月考核和年考核相結合。

三、考核辦法

對汽車銷售專員的考核採用自我評價和汽車銷售主管考評相結合的方式。各級計算權重分別爲自我評價佔 20%，汽車銷售主管考評佔 80%。

1.汽車銷售專員在做自我評價時，應如實地填寫《自我評價表》，如下表所示。

汽車銷售專員自我評價表

評價項目	評價內容	自我評分				
		優秀（5分）	良好（4分）	一般（3分）	較差（2分）	極差（1分）
個人素質	品德修養					
	個人儀表儀容					
	意志堅定，不驕不躁					
	謙虛謹慎，虛心好學					
工作態度	熱情度					
	信用度					
	責任感					
	紀律性					
專業知識	產品知識					
	銷售知識					
	外語知識					
	電腦應用知識					
工作能力	計劃性					
	文字、語言表達能力					
	應變力					
	人際交往能力					
工作成果	工作目標的達成					
	工作效率					
	工作創新效能					
	工作成本控制					
合計						

2.汽車銷售主管在對下屬銷售專員進行考評時，應根據其日常工作表現，對表中的各項進行打分。

汽車銷售專員績效考核表

考核指標	權重	評價標準	得分
銷售量	20	目標值爲___輛，每少1輛，扣___分；低於___輛時，該項得分爲0	
售後服務銷售額	10	目標值爲___元，每少___元，扣___分；低於___元時，該項得分爲0	
銷售利潤率	15	1.銷售利潤率＝(銷售收入－銷售成本)×100% 2.目標值爲___%，每少___%，扣___分；低於___%時，該項得分爲0	
客戶成交率	10	1.客戶成交率＝成交客戶數量/接待客戶數量×100% 2.目標值爲___%，每降低1%，扣___分；低於___分時，該項得分爲0	
客戶回訪次數	10	目標值爲公司規定次數，每少1次，扣___分；低於___次時，該項得分爲0	
客戶滿意度	5	目標值爲___分，每低___分，扣___分；低於___分時，該項得分爲0	
收集市場信息的及時性和準確性	5	1.偶爾不能按時收集市場信息，收集的市場信息有少量錯誤，得___分 2.能夠按時收集市場信息，且市場信息正確率高，得___分 3.提前收集市場信息，並進行整理分類，得___分 4.全面、領先地收集市場信息，並對信息進行分析且分析的結果有較大的實用性，得___分	

續表

客戶資料收集整理情況	5	1.客戶資料殘缺，無拜訪記錄，得___分 2.客戶資料不完整，拜訪記錄混亂，得___分 3.客戶資料完整，拜訪記錄清晰，得___分 4.客戶資料齊備，拜訪記錄詳實，得___分	
工作能力	10	對汽車銷售專員的專業知識、宣傳表達能力、現場把握能力和交際能力進行綜合評價	
工作態度	10	對汽車銷售專員的紀律性、責任感和積極性進行綜合評價	

四、考核程序

人力資源部根據每階段的考核工作計劃發出考核通知，列明考核目的、方式和考核時間進度安排等事項，具體考核程序如下。

1.本人自評：汽車銷售專員首先進行自我評估，按照《自我評價表》的要求打分。

2.上級評議：汽車銷售主管對汽車銷售專員進行評估打分。

3.汽車銷售主管將汽車銷售專員的各級考核結果按照考核標準權重的規定用加權平均法進行匯總，將考核結果在規定時限內提交人力資源部。

4.人力資源部根據考核結果進行審批，並填寫考核結果運用意見，提交銷售總監審批。

5.人力資源部把《考核結果單》下發給汽車銷售專員，同時進行考核資料歸檔。

五、考核結果及其應用

1. 考核結果等級

按汽車銷售專員的考核綜合得分將考核結果劃分為五個等級，具體界定如表所示。

考核等級表

等級	優秀	良好	稱職	基本稱職	不稱職
考核總分	90(含)～100分	80(含)～90分	70(含)～80分	60(含)～70分	60分以下

2. 考核結果應用

績效考核結果將應用於崗位調整、人事調配、人事晉升、薪資調整和獎金發放等方面，主要採用以下形式進行。

⑴績效考核結果為「優秀」的汽車銷售專員，給予職位晉升或獎金_____元的獎勵。

⑵績效考核結果為「良好」的汽車銷售專員，給予獎勵____元的獎勵。

⑶績效考核結果為「稱職」的汽車銷售專員，不做任何調整。

⑷績效考核結果為「基本稱職」的汽車銷售專員，不做任何調整；對連續兩次考核結果為「基本稱職」的汽車銷售專員，將給予降低薪資、調崗、辭退等懲罰處理。

⑸績效考核結果為「不稱職」的汽車銷售專員，給予降低薪資、調崗、辭退等懲罰處理。

21 地產專案銷售代表考核方案設計

爲激勵專案銷售代表充分發揮自己的潛能，提高銷售量，完成銷售目標，特制定本方案。作爲專案銷售代表基本工資調整、銷售提成發放的重要依據。

一、適用範圍

本方案適用於公司對所有專案銷售代表的考核，試用期人員除外。

二、考核內容

專案銷售代表的考核內容包括工作業績、工作能力、工作態度和基本素質四個方面，其權重設置分別爲工作業績 60%、工作能力 20%、工作態度 10%、基本素質 10%。

1. 工作業績考核

工作業績考核內容具體如表所示。

專案銷售代表工作業績考核表

考核指標	權重	目標值	評價標準
銷售量	30	___套	每少___套，扣___分；低於___套時，該項得分爲0
客戶簽約率	20	___%	每少___%，扣___分；低於___%時，該項得分爲0
房款準時收繳率	20	___%	每少___%，扣___分；低於___%，該項得分爲0
滯銷房銷售套數	10	___套	每賣出一套，加___分；達到目標值時，得滿分
退房率	10	0	每多___%，扣___分；高於___%時，該項得分爲0
客戶有效投訴次數	10	0	每發生一次，扣___分；超過___次時，該項得分爲0
指標說明	1.客戶簽約率＝簽約客戶數量/接待客戶數量×100% 2.房款準時收繳率＝準時收繳的房款金額/應收繳的房款金額×100% 3.退房率＝退房數量/已售出房屋數量×100%		

2.**工作能力考核**

通過專業知識、溝通能力和團隊協作能力三項指標評價專案銷售代表的工作能力，具體評價標準如表所示。

專案銷售代表工作能力考核表

考核指標	權重	評價標準
專業知識	30	1.瞭解樓盤知識和銷售技巧，欠缺銷售經驗，得 40 分 2.熟悉樓盤知識和銷售技巧，有一定的銷售經驗，得 60 分 3.掌握樓盤知識和銷售技巧，有較豐富的銷售經驗，得 80 分 4.精通樓盤知識和銷售技巧，有豐富的銷售經驗，得 100 分
溝通能力	30	1.談話說服能力差，缺乏技巧，很難被別人接受，得 40 分 2.談話說服力一般，有一定的疏導技巧，尚能被別人接受，得 60 分 3.談話說服力較強，態度誠懇，善於疏導，說服效果較好，得 80 分 4.談話說服力強，談吐親切和藹，語言詼諧幽默，能有技巧地說服別人，得 100 分
團隊協作能力	40	1.僅在必要時與人合作，得 40 分 2.肯答應別人要求並幫助他人，得 60 分 3.愛護團體，常協助別人，得 80 分 4.團隊意識強烈，經常主動協助他人，頗受好評，得 100 分

3. 工作態度考核

工作態度考核項目包括紀律性和積極性兩項指標，具體內容如下表所示。

專案銷售代表工作態度考核表

考核指標	權重	評價標準
紀律性	50	1.遵守法律法規及公司制度，但需要提醒，得 40 分 2.遵守法律法規及公司制度，得 60 分 3.主動遵守法律法規及公司制度，得 80 分 4.不僅自己主動遵守法律法規及公司制度，還提醒同事遵守，得 100 分
積極性	50	1.工作懈怠，無法按時完成任務，得 40 分 2.還算積極，能完成任務，得 60 分 3.比較積極，能按時完成任務，得 80 分 4.積極主動，能出色完成任務，得 100 分

4. 基本素質考核

基本素質指標包括個人形象、精神面貌和品質修養。

三、考核結果應用

1. 基本工資調整

⑴以考核人的評分爲基本參照，經過計算後得出最終考核分數，考核結果共分五個等級。

⑵對於連續三個月銷售業績排名倒數第一的專案銷售代表，公司將讓其待崗一個月，待崗期間的基本工資爲____元/月（待崗期間由人力資源部組織對其進行爲期一個星期的待崗培訓，培訓結

束後進行考核，考核合格者可以繼續上崗，考核不合格者公司將給予辭退處理)，重新上崗人員的基本工資下調 50 元/月。

專案銷售代表基本素質考核表

考核指標	權重	評價要點	評分等級			
			優 (100)	良 (80)	中 (60)	差 (40)
個人形象	30	著裝整齊得體，言行舉止端莊穩重				
精神面貌	35	精神狀態飽滿，無倦態，士氣高昂				
品質修養	35	禮貌、敬業、實事求是、真誠可信				

考核結果等級說明表

最終考核分數	等級	獎懲辦法
90(含)～100 分	A	當月基本工資上調 150 元
80(含)～90 分	B	當月基本工資上調 100 元
70(含)～80 分	C	當月基本工資上調 100 元
60(含)～70 分	D	當月基本工資不變
60 分以下	E	當月基本工資下調 50 元

(3)對於連續三個月銷售業績排名第一的專案銷售專員，其基本工資上調 50 元/月。

2.銷售提成的發放

(1)銷售提成爲銷售總房款的 0.3%，其中 0.2%按房款到賬金額計提發放，0.05%於年終發放，0.05%待房屋實際交付後發放。0.2%的房款提成結算應遵循以下原則。

①一次性付款購房的，全款到賬後，該套住房的銷售提成予以結算。

②按揭貸款購房的，貸款轉入公司帳戶後，該套住房的銷售提成予以結算。

③分期付款購房的，全款到賬後，該套住房的銷售提成予以結算。

⑵若購房者爲公司員工或公司關係戶，銷售提成爲總房款的0.2%，按房款到賬金額計提發放。

⑶若發生退換房情況時，按以下規定結算銷售提成。

①銷售退房

發生退房情況時，該筆交易做無效處理，銷售提成不予結算；若銷售提成已經發放，該筆提成從下月銷售提成(或者底薪)中扣除。

②換房

發生換房情況時，根據前後房屋總價差價據實結算，多退少補；已發放銷售提成多於換房後的實際提成，差額部份將在下次結算中扣除；已發放銷售提成少於換房後的實際提成，差額部份將在下次結算中補足。

22 二手房地產經紀人考核方案設計

爲合理評價地產經紀人的工作績效，提高其工作積極性，特制定本方案。

一、考核對象

本方案適用於地產經紀人，試用期人員除外。

二、考核頻率

1.月考核

每月 1 日～5 日對地產經紀人上月的工作表現進行考核。

2.季考核

每年 1 月、4 月、7 月、10 月的 1 日～5 日對地產經紀人上一季的工作表現進行考核。

三、考核內容

地產經紀人的考核內容包括工作業績(70%)、工作態度(15%)和工作能力(15%)三個方面，具體評價標準如下。

1.工作業績考核

工作業績中每項考核指標均爲 100 分，具體評價標準如表所示。

地產經紀人工作業績考核表

考核指標	權重	評價標準
銷售目標完成率	30	1.銷售目標完成率＝實際完成銷售額/計劃完成銷售額×100% 2.目標值為___%，每少 1%，扣___分；銷售目標完成率低於___%時，該項得分為0
房源開發數量	15	目標值為___個，每少 1 個，扣___分；房源開發數量少於___個時，該項得分為 0
帶客戶看房數量	10	目標值為___個，每少 1 個，扣___分；帶客戶看房數量少於___個時，該項得分為 0
成交房源數量	15	目標值為___個，每少 1 個，扣___分； 成交房源數量少於___個時，該項得分為 0
銷售回款率	10	1.銷售回款率＝實收銷售款/應收銷售總額×100% 2.目標值為 100%，每少 1%，扣___分；銷售回款率低於___%時，該項得分為 0
客戶回訪次數	10	目標值為___次，每少 1 次，扣___分；客戶回訪次數少於___次時，該項得分為 0
客戶有效投訴次數	10	每發生 1 次，扣___分；接到客戶投訴超過___次時，該項得分為 0

2.工作能力考核

工作能力指標包括銷售講解能力、專業知識水準、溝通能力和團隊協作能力，具體內容如表所示。

地產經紀人工作能力考核表

考核指標	評價要點	評分等級				
		差 (20)	較差 (40)	中 (60)	較好 (80)	好 (100)
專業能力 (40%)	具有很高的銷售講解能力和豐富的房地產專業知識					
溝通能力 (30%)	積極與客戶進行溝通，更好地進行房地產銷售工作					
團隊協作能力(30%)	愛護團體，經常幫助其他同事					

3.工作態度考核

工作態度指標包括紀律性、責任感和積極性，具體內容如下表所示。

地產經紀人工作態度考核表

考核指標	評價要點	評分等級				
		差 (20)	較差 (40)	中 (60)	較好 (80)	好 (100)
紀律性 (30%)	嚴格遵守公司制度，服從上級安排					
責任感 (35%)	嚴格要求自己，對工作和客戶認真負責					
積極性 (35%)	對本職工作感興趣，敢於挑戰，爲實現目標竭盡全力					

四、考核結果應用

考核結果作爲地產經紀人績效工資、獎金和提成的發放依據。

1.月考核結果應用

⑴績效工資發放

月考核的結果將作爲績效工資發放的依據，具體發放標準如下表所示。

績效工資係數表

考核得分	90(含)～100分	80(含)～90分	70(含)～80分	60(含)～70分	60分以下
績效工資係數	1.2	1	0.8	0.6	0

⑵銷售提成的計提

根據銷售目標完成率確定地產經紀人銷售提成的比例，具體標準如下。

①未完成

完成任務90%，銷售提成按照1.8‰計提；完成任務70%，按照1.5‰計提；完成任務低於50%者，銷售提成按照1.3‰計提，連續兩個月低於50%者予以辭退。

②完成任務

完成任務100%～150%(不含)，銷售提成按照2‰計提。

③超額完成任務

完成任務150%，銷售提成按照2.5‰計提；完成任務200%，按照3‰計提；超出200%任務以上者，按照3‰計提，另獎勵

____元。

2.季考核結果應用

季考核時，除對工作業績進行考核外，還要對地產經紀人的工作態度、工作能力等各方面進行綜合考核。

季考核總分＝月考核總分平均值×60%＋工作態度考核得分×30%＋工作能力考核得分×30%

季考核結果將作爲基本工資調整和季獎金發放的依據，具體應用如表所示。

季考核結果應用表

最終考核分數	等級	考核結果應用
85(含)～100分	A	下季月基本工資上調100元，季獎金全額發放
75(含)～85分	B	下季月基本工資上調50元，季獎金發放80%
60(含)～75分	C	下季月基本工資不變，季獎金發放60%
60分以下	D	下季月基本工資下調50元，無季獎金

心得欄

23 保險銷售專員考核方案設計

一、考核目的

1.評價工作績效。

2.檢視工作得失。

3.強化價值導向。

4.宣導卓越理念。

二、考核前的溝通

保險銷售專員在績效考核時應在規定時間內與自己的直接上級進行充分溝通，溝通內容如下。

1.對工作中事項的好惡。

2.在考核期的工作成果。

3.考核期初制定的目標、計劃的完成情況。

4.銷售主管對保險銷售的作用，可以從促進與阻礙兩方面談。

5.公司的那些改變可以提高自己的業績。

6.目前的工作是否發揮了自己的特長與潛能。

7.自己需要積累的經驗與培訓需求。

8.下一個考核期的工作目標與工作標準。

三、考核辦法

公司對保險銷售人員進行考核時採用定量指標與定性指標相

結合，自評與直接主管評價相結合的方法。

四、個人工作總結

保險銷售人員應在考核期結束後撰寫《個人工作總結》，方便直接主管對其進行客觀的評價。保險銷售人員的《個人工作總結》應包括以下內容。

1.考核期內工作的項目、成果及對公司的貢獻。

2.個人在考核期內的成長、進步與不足。

3.下個考核期內的工作計劃與工作目標。

4.對公司的建議與意見。

五、考核評估表與考核計算

1.保險銷售人員績效考核評估如表所示。

保險銷售人員績效考核評估表

分類	評價內容	滿分	自評	他評	得分
工作態度	做事積極主動、效率高	10			
	具備保險知識，能夠滿足顧客的需求	15			
	不倦怠，且正確地向上級報告	5			
基礎能力	精通業務內容，具備處理事物的能力	15			
	掌握業務上的要點	10			
	在既定的時間內完成任務	5			
業務熟練程度	能掌握保險業務的技能，並有效開展工作	20			
	能夠隨機應變	10			
	善於與顧客溝通，且說服力強	10			

保險銷售人員的評估得分＝自評得分×30%＋直接主管評分×70%

2.保險銷售人員的工作業績指標及評分標準如表所示。

保險銷售人員工作業績指標

考核指標	權重	目標值	評分標準
保費收入額度	20	___萬元	考核結果每少___萬元，扣___分
保險銷售利潤率	20	___%	考核結果每降低___%，扣___分
保單繼續率	15	100%	1.保單繼續率＝未解約保單數量/保單銷售總數量×100% 2.考核結果每降低___%，扣___分
保險賠付率	5	短期險 ___%	1.保險賠付率＝責任賠款支出/責任保費收入×100% 2.考核結果每增加___%，扣___分
	5	健康險 ___%	1.保險賠付率＝責任賠款支出/責任保費收入×100% 2.考核結果每增加___%，扣___分
高價值顧客比率	15	___%	考核結果每降低___%，扣___分
長險短期賠付率	10	___%	考核結果每增加___%，扣___分
客戶滿意度	10	10分	客戶每投訴一次，扣___分；投訴次數超過三次時，該項得分爲 0
說明	保險業務中的高價值顧客是指參保險種多、金額大及忠誠度高的客戶		

3.保險銷售人員的考核分值及指標計算

保險銷售人員考核得分＝保險銷售人員評估得分×20%＋保險銷售人員工作業績得分×80%

六、考核結果應用與排名

1.保險銷售人員的考核結果分爲五級，由人力資源部確定相關人員的級別，考核等級與員工數量權重的關係如表所示。

考核等級與員工數量權重關係表

考核等級	卓越	優秀	合格	需改善	差
員工數量權重	5%	15%	65%	10%	5%

2.保險銷售人員的考核結果在公司內實行排名制，但在公司工作不滿六個月的保險銷售人員單獨排名。

3.績效考核等級爲「卓越」與「優秀」的員工將有機會參與公司「優秀員工」的評選。

4.績效考核爲「差」的員工將進行轉崗或辭退處理。

5.考核結果爲「需改善」的員工，由直接主管及部門主管與其進行面談後制訂績效改進計劃，三方簽字確認後交人力資源部存檔。

6.考核結果將作爲保險銷售人員薪酬調整、培訓和發展的重要依據。

七、考核說明

1.進入公司不滿三個月的員工不參加考核。

2.保險銷售人員的直接主管在對其進行考核後，必須與保險銷售人員進行面談，考核結果經保險銷售人員簽字確認。

3.保險銷售人員若對績效考核持有異議，可到人力資源部進行諮詢和申訴。

24 設備銷售專員考核方案設計

通過對設備銷售專員的業績進行分析和總結，幫助其提高業績。作爲設備銷售專員薪酬、獎懲、晉升與辭退的重要依據。

一、使用範圍

本方案適用於公司對設備銷售專員進行考核。

二、考核內容

公司對設備銷售專員的考核由直接上級評價和銷售專業考試兩部份組成，每項滿分均爲 100 分，權重設置分別爲直接上級評價 80%、銷售專業考試 20%。

1.直接上級評價

設備銷售專員的直接上級按照如表所示的考核標準進行評價打分。

2.銷售專業考試

銷售專業考試分爲筆試和實際操作兩部份：筆試內容主要包括設備的相關知識、設備的銷售技能等，滿分 40 分；實際操作是通過類比銷售場景，考核設備銷售專員對銷售技能的掌握情況，滿分 60 分。考試成績爲上述兩項得分之和。

設備銷售專員績效考核表

得分 / 指標	差 50	較差 60	一般 70	良 80	優 100
銷售目標完成率(10%)	___%以下	達到___% 不足___%	達到___% 不足___%	達到___% 不足___%	超過___%
銷售回款率(10%)	超過___%	達到___% 不足___%	達到___% 不足___%	達到___% 不足___%	超過___%
銷售費用率(10%)	___%以下	達到___% 不足___%	達到___% 不足___%	達到___% 不足___%	___%以下
市場佔有率(10%)	___%以下	達到___% 不足___%	達到___% 不足___%	達到___% 不足___%	超過___%
新增客戶數量(10%)	___%以下	達到___% 不足___%	達到___% 不足___%	達到___% 不足___%	超過___%
客戶有效投訴次數(10%)	超過__次	達到__次 不足__次	達到__次 不足__次	達到__次 不足__次	0
客戶滿意度(10%)	__分以下	達到__分 不足__分	達到__分 不足__分	達到__分 不足__分	超過__分
銷售報告品質(10%)	出現明顯錯誤一次以上	出現明顯錯誤一次	無明顯錯誤	通報表揚一次	通報表揚一次以上
銷售報告提交及時性(10%)	拖延交付一次以上	拖延交付一次	無拖延交付記錄	通報表揚一次	通報表揚一次以上
工作態度(10%)	工作熱情與積極性低	工作熱情與積極性較低	工作熱情與積極性一般	工作熱情與積極性較高	工作熱情與積極性高

3.考核得分計算

考核得分＝直接上級評價得分×80%＋銷售專業考試成績×20%

三、考核結果應用

1.考核結果分為五個等級，如下表所示。

考核結果分級表

等級	優秀	良好	一般	基本合格	不合格
得分(S)	90≤S≤100分	80≤S＜90分	70≤S＜80分	60≤S＜70分	S＜60分

2.根據設備銷售專員的考核結果，依據公司人力資源管理的相關制度對其職級或薪資做出相應調整。

心得欄

第七章

銷售部門績效的目標管理

1 目標管理基本概況

一、銷售部門目標管理的概念

目標管理(management by object)是 20 世紀 50 年代中期以泰羅的科學管理和行爲科學理論(特別是其中的參與管理)爲基礎形成的一套管理制度。目標管理是管理者以「目標」來管理部下，而不是用「手段」或「手續」。目標管理可以使員工親自參加工作目標的制定，實現「自我控制」，並努力完成工作目標。對於員工的工作成果，由於有明確的目標作爲考核標準，從而使對員工的評價和獎勵可以更客觀、更合理，能大大激發員工爲完成組織目標而努力工作。該管理制度在美國應用的非常廣泛，而且特別適合於對主管人員的管理，所以被稱爲「管理中的管理」。

綜上所述，目標管理就是以科學管理和行爲科學理論爲基礎，通過以「目標」來管理員工，使員工能參與工作目標的制訂，從而達到「自我控制」的目的。

從 90 年代以來，一些銷售部門已經逐漸意識到目標管理的諸多優點，有的企業也開始試行了目標管理制度，使企業的中高層管理人員對目標管理有了一定的認識，也取得了一定的成效。但是，企業的目標管理的運用並不理想，具體表現爲：

1.根據目標而制訂的計劃在實際工作中並沒有指導作用，很多管理人員拋開目標管理和計劃開展日常工作，使目標管理流於形式；

2.由於目標管理沒有起到真正的管理作用，制訂目標和計劃成爲一項無效工作，目標管理成爲一種負擔，管理人員抱怨制訂目標和計劃耗費他們太多時間；

3.目標管理僅僅限於目標的制訂和計劃，缺乏目標的貫徹和考核，有的銷售公司試行的目標管理辦法並不能成爲真正意義上的目標管理。

導致上述現象產生的原因在於以下幾個方面：

1.由於目標管理傳入時間不久，很多企業中各級管理人員對此不是很熟悉，導致目標管理的前期工作不充分，目標和計劃的制訂缺乏準確的歷史數據和科學預測的支持。同時由於我國企業處於發展階段，企業不可避免地產生大量的非預期事件，導致「計劃不如變化」局面的產生。另外由於目標本身制訂的並不是十分合理、科學，導致目標制訂後短期內就失去了意義。

2.目標管理應該是建立在科學的管理平臺上。而很多企業在實施目標管理前，沒有明確的職責分解，目標無法合理分解，進而無法制訂下級目標。甚至不少企業在管理中存在著一定程度的職責交錯和職責真空，因此目標分解也只是粗線條的分解，換句話說，目標分解並不是非常的明確，從而導致目標過虛，無法指導現在和未來的工作。

3.目標追蹤是目標得以貫徹的保證。爲了使目標管理切實起到效果，國際上大多數企業一般都是由目標執行人的上級來追蹤目標執行情況。但是不少企業恰恰相反，而是由目標執行人的下級來追蹤目標執行情況。由於目標追蹤人和目標執行人的權責倒懸，目標追蹤人根本無法真正追蹤目標執行情況。

4.俗話說「萬事開頭難」，企業推行目標管理也是一樣的道理，初期階段總是投入多，產出少。很多管理人員由於進行目標管理佔用了他們較多的時間，又沒有立刻產生明顯的效果，對目標管理本身產生了懷疑，進而失去推行目標管理的熱情，使得目標管理「後繼無力」。

企業在推行目標管理時，切不可急於求成，應按照科學規律，逐步推行。同時更應讓廣大員工，特別是中高層管理者真正認識到目標管理的實際意義，才能夠充分達到目標管理的實際效果。

二、目標管理的原則

企業在實施目標管理時，必須要掌握一定的原則，才能更好地推行目標管理。

1.目標管理制度是建立在現代人力資源管理體系基礎上的，在整個目標管理制度中始終貫穿著「以人爲本」的管理原則，即要建立起以員工爲中心，人人參與的管理制度。

2.促進公司員工的利益與公司利益的相一致。

3.目標管理中要建立P計劃－D執行－C檢查－A處理(改進)的循環，使公司的管理始終處於不斷改進和提高的良性循環之中。

4.目標管理以協商的方式訂立各級目標，並實行分層負責。

5.目標管理是員工實施績效考核的基礎。全體員工應高度重視目標管理的實施效果，以確保公司的長期發展和員工個人利益的實現。

三、目標管理的作用

如果目標管理運用得當，企業的經營、管理必將上升到一個新的高度。企業合理、科學地實行目標管理，將對企業的經營、發展產生一系列較爲重要的作用：

1.目標管理通過鼓勵員工個人制定具有挑戰性的目標，可以提高員工的工作積極性和績效，而且在目標實現後，能使員工產生成就感，使員工的士氣能夠長久高漲。

2.員工能夠準確地掌握自己的工作崗位職責，從而明確對自己的要求，工作做到有的放矢；並且促使部分優秀員工能有意識地補充自身知識結構的缺陷，爲自身職業發展做出進一步規劃。

3.歸根到底企業關心的是具體的實效，因此根據員工個人取得的績效進行考核是和公司的總要求和目標相一致的。在整個公司系統內制定目標，通過經常性地明確對每個人的要求，有助於促進計劃的協調。

4.長久以來上級由於不太清楚要注意什麼，以至未能有效控制並取得所需要的情報。大部分的控制制度由於缺乏具體的控制要點與情報而未能產生效果。有了目標，主管就知道應該注意什麼，並預先知道下級要做的事情，而且能夠比較容易地制定工作計劃和進度安排。同時有了目標管理，上級能夠公正和準確地考核下級的績效，有利於人才的培養和員工積極性的調動。

四、目標管理流程

銷售部門在實施目標管理的過程中，未能達到應有的效果，有的企業甚至還不知道應該怎樣進行目標管理。因此，企業應按照一定的流程逐步開展目標管理。

五、目標管理存在的不足

各種管理方式都不是萬能的，目標管理也是如此。清楚地認識到目標管理所存在的不足，有助於企業更好地進行目標管理。

1.目標確定困難

因爲目標是爲未來而設，而未來有其不可避免的不確定性，這比較容易導致很難設定有意義和可行的目標。顯然，任何計劃尤其是目標均應包括應予達成的工作的終點，而不只是陳列待辦的工作。如何設定合理的目標，在實施目標管理的最初階段會顯得特別困難。通常，人們很容易將目標值設定的過高，也有許多人認爲在一年或一個季中可能完成某些目標，但下一星期要完成的工作卻難於確定。

目標管理流程圖

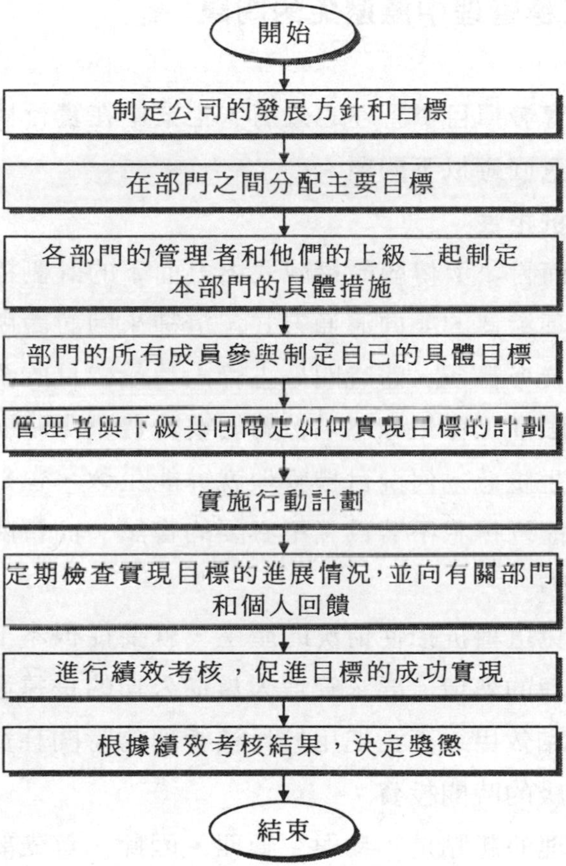

2.目標難以量化

目標必須是可考核的，要使目標具有可考核性就必須使其能量化。但是，許多目標是不宜量化的，硬性的將某些目標量化和簡單化的做法是危險的，其結果有可能將管理工作引入歧途。因此有些不能量化的目標也可以設定爲定性化的目標，可以通過詳細說明等方法來提高其考核的程度。

六、目標管理中應避免的問題

爲了切實發揮目標管理的效用，企業中在實行目標管理的過程中應該注意回避以下問題：

1. 避免抗拒性

就短期而言，與傳統的權威式由上而下的計劃控制相比，目標管理是一種深奧的雙向溝通方式。這種來回討論所耗的時間要比單線指令要多得多。而時間是主管人員最寶貴的資源。許多管理人員常爲眼前工作忙碌不堪，對於要花費不少時間的目標管理就從心裏產生厭惡，何況目標管理就算能生效，也是將來的事。管理人員可能覺得犯不著爲了不必要的嘗試，而冒險花上那麼多的時間和精力。

爲了避免這種抗拒性情況的產生，就要從根本上調動管理人員對目標管理的熱情。要求管理人員從公司的長遠發展考慮目標管理的意義和效用，真正把用於目標管理的時間耗費理解爲「爲將來管理升級的時間投資」。

目標管理的起點是「參與」管理，因此，首先要調動管理人員積極主動的參與。如果連管理人員的參與感都沒有調動起來，那麼目標管理必敗無疑。

2.避免消極應付

目標管理對人類動機做了樂觀的假設：大多數人都具有權威、自主、才能與成就等需求，即他們可以通過工作而滿足這些需求。可是，傳統的權威管理和根深蒂固的習慣，造成中下階層人員並不熱衷於目標管理。因此，有可能低階層人員對高階層人員隱瞞他們的實力，設定可被接受的最低目標。

爲了避免這種不利結果，首先要利用企業文化的力量激發每位員工的參與精神，從而發揮每位員工的主觀能動性，應盡可能使每個人感覺自己是和自己競爭，促使每位員工願意做到他們能做到最好的結果。其次，在目標分解過程中，上級管理者應事先做好詳盡的準備，在瞭解下級員工能力的基礎上給予充分的信任和鼓勵，激勵員工制訂具有可行性同時又具有一定挑戰性的目標。最後，要利用目標考核機制培養公司內部的競爭機制。不僅做到員工與員工之間進行競爭，而且做到員工自身以前與以後的比較，使員工的目標每年有一定的提高。

3.避免缺乏信任

如果目標的執行方案無人承諾，管理人員只顧眼前，不顧企業長期目標，他們就只能做一些「頭痛醫頭，腳痛醫腳」的抉擇而已。上級管理者如果缺乏信譽，下級也就越來越不信任他們。這時員工就會覺得推行目標管理是給他們壓力，他們可能只是在做表面工作，塡塡表格，然後就置之不理。這極易導致目標管理從開始就流於形式。

要避免這種不信任狀況的產生，首先，上級的目標制訂必須合理、科學，保持目標的穩定性和可操作性，從而確保以此爲基礎分解的員工目標具有穩定性，儘量減少目標修訂的頻率，培養員工令出必行的工作習慣。其次，目標確定以後，上級和下級之間應該有明確的授權。在此之後的目標執行和管理階段，上級應該確保下級享有原來明確的權利，而不能中途收回有關權利，導致員工認爲上級不信任他，進而他也不信任上級的惡性循環。最後，部門負責人應該定期、不定期地在部門內進行意見溝通，對下屬提出有關目標實施過程方面的問題，請下屬答復，來促進彼此之間的聯繫與信賴。

4. 避免權力過於集中

儘管上級與下屬在事前已經決定了權利下放的範圍，然而我國企業傳統的管理思想根深蒂固，在目標實施中，上級還是很容易去侵犯下屬的權限。因此，在目標實施中，上級應注意：即使你在目標實施過程中仍不放心讓下屬掌握那些權限，爲了開發下屬的能力，你也要做必要的冒險，儘量相信下屬，讓其權限受到保障，安心地發揮能力；不要以自己的經驗去做自以爲善意的干涉，應讓下屬享有實質性的自由，去發揮他的積極性與獨創性。

5. 避免信息交流不暢

與下屬工作有關的信息應儘早讓下屬知道。這樣，一方面可以利用部門會議或早會，積極地提供信息（如公司或上級的新方針或新政策等），以便大家充分溝通意見；另一方面應該指導下屬積極主動地獲取信息。

6. 共同處理意外情況

目標管理的執行過程中不可避免的會碰到很多意外情況，在意外情況發生時，上級要輔助下級解決這些意外情況。如果下級未意識到意外情況的出現，上級有義務提醒下級，當然能以提出問題的方式讓下級自己發現問題是上選之策。

7. 目標協調

由於有了目標的同一指向，因此各個部門、部門內各個員工作用的方向應該是相同的。但是在實際操作中，由於公司內的各個小組織和各個員工的價值取向、工作習慣、考核標準等因素的差異，不可避免地會引起部分利益衝突，內耗將降低工作的效率和效果，因此上級的協調的重要性顯而易見。

心得欄 ------------------------------------

----

2 銷售部門目標的逐層分解

一、銷售部門的目標層次

一般來說，企業目標分爲公司總目標、部門目標、個人目標三個層次。

1. 公司總目標

公司每年初應對以總經理爲首的經營層提出制訂年目標管理計劃和年經營計劃的要求。由總經理根據本年亟待解決的問題、必須完成的工作、以往經營狀況、當前市場趨勢等情況，擬定總目標草案。由總經理辦公室協助實行。

2. 部門目標

由各部門負責人根據公司總目標的有關項目，結合本部門職責，與相關部門協調，和總經理與相應的分管領導共同制定。

3. 個人目標

由每位員工根據本人所在部門的目標項目，結合本人職責，和部門負責人共同確定。

各層級第二年的目標制訂的期限，則遵從該年公司頒發的目標管理整體作業進度表所制訂的時限辦理。

二、目標設定的要求

企業在確定目標前，首先應清楚以下確定目標的具體要求。

1.總目標、部門目標及個人目標應保持一致性，下級目標要以上級目標爲基準，其目標值不應低於上級目標，以略高於上級目標爲宜。如本部門無法定出與總目標直接相關的目標時，應選擇本部門的重要工作項目爲宜。

2.目標項目力求明確具體，並應是本年的工作重點，如屬不需努力而能在短時間內完成的工作，一般不能列爲一項目標。

3.目標項目不宜過多，以 3～5 項爲宜，可視具體情況酌情增減。

4.所定目標應量化（如時間、日期、金額數量或百分比等）。

5.量化指標不宜過高或過低，應力求接近但稍高於實際情況，以增加目標的挑戰性。

6.完成目標需上級或其他部門配合的事項應事先考慮週詳，協商確定。

7.制定目標應與本部門或本人職責相稱，應避免目標重複（上下級人員所定目標完全相同，或同級部門所定目標完全相同）及目標斷層（下級所定目標脫離上級所定目標，形成上級目標無人執行的情況）。

8.雖然大部分目標是在本年內可以完成的目標，但是長期目標也不可忽略。長期目標的最終完成雖不在本年，但在本年目標中可列出其應在本年完成的部分。

同時，爲了儘量減少目標不能量化和不能在本年完成等一些問題給目標管理帶來不利的影響，可以採用下列方法進行處理。

1.成果無法用數量來表示時，應改爲以「實施計劃」(如手段、過程等)來表示，也就是設立「手段目標」或「過程目標」等。

2.業務內容已有例行規定時，可按如下方法操作：

(1)設立例行業務的改善目標。

(2)重新研討部門的任務，設立自己的目標(改革目標)。

(3)依據每項計劃去設立目標，根據上級、顧客或其他客觀形勢的需要，在採取某項行動之前先設立計劃目標，設立期間不定，儘量依計劃來進行管理。

3.與其他部門之間或外在條件之間的關係複雜時，可按如下方法操作：

(1)與其他部門設立目標(共同目標)。但應把本部門擔當的責任範圍明確表示。

(2)根據條件設立目標(條件對應目標)。爲了確定自己的責任範圍，可以先預想條件的變化，再決定條件變化時自己的責任範圍應做的變化。

三、目標的分解過程

在公司總目標確定後，要分解到各個部門，各部門要將本部門的目標分解到每個員工。各級領導應首先向下屬說明團體和自身的工作目標，然後由下屬草擬自己的工作目標。接下來各級領導應與下屬一起討論工作目標，以確定工作目標協定，明確目標考核標準。

各級人員在確定工作目標後，應根據工作目標，編制具體工作計劃。計劃包括以下各項內容：

1.工作方法與步驟；

2.工作開始時間與完成時間；

3.工作重點與完成標準；

4.人員分工與授權事宜。

各級目標及工作計劃確定後應簽署目標協議書，同時公司應統一制定發放目標計劃單，各級人員進行填寫。

年工作目標協定

部門：＿＿＿＿＿＿＿＿　任職者姓名：＿＿＿＿＿＿＿＿

職位名稱：＿＿＿＿＿＿＿＿　直接主管：＿＿＿＿＿＿＿＿

目標期限：自　年　月　日至　年　月　日

序號	目標項目	完成標準	重要性(%)	工作計劃
			100%	

任職者：　　　　直接主管：

時間：　年　月　日　　時間：　年　月　日

目標計劃單（一）

執行部門（人）：

目標項目	重要性（%）	完成標准	預定進度（數量、金額或百分比）								工作條件或要求配合事項
			日期	1月	2月	3月	…	10月	11月	12月	
			本月累計								
			本月累計								
			本月累計								

上級主管：（簽字）

目標執行人：（簽字）

（執行部門主管）

目標計劃單（二）

執行部門（人）：

目標項目				
重要性				
衡量標準				
工作計劃				
		本月累計	完成標準	工作條件或要求配合事項
預定進度（數量、金額或百分比）	1月			
	2月			
	3月			
	…			
	10月			
	11月			
	12月			
	本年累計			

1.「**目標項目**」

由目標制定人填寫其在本年內擬定實現的目標，依重要性次序逐項填寫，除上述三個表中要求寫出目標項目名稱外，年工作目標協定表和目標計劃單(二)中的「目標項目」欄內文字應明確具體。

2.「**重要性**」

可按各項目標的工作量、所需時間劃分，也可按該項工作在公司經營活動中的影響力或重要性劃分。由目標執行人(執行部門)和上級主管協商決定。每一目標執行人(執行部門)目標重要性總和爲100%。

3.「**完成標準**」

即達到什麼狀態時重點目標才算完成，完成標準儘量以數字表示。若無法量化，則應寫出定性化的評定標準。定性化的評價標準措辭應明確，以免引起當事人與上下級之間的誤會或意見不合。

4.「**工作計劃**」

指完成各項目標的具體規劃。如已經制訂詳細計劃，可附在目標計劃單後，不需在本欄內逐項填寫計劃內容。

5.「**預定進度**」

各項目標按月應完成的數量、金額或百分比等，塡於此欄，用以考核各月累計目標執行效果。

6.「**工作條件**」

目標執行人爲完成該項目標所需要的權責配合、預算支援、其他部門或人員的協作等項目，均可塡於此欄。

爲使各級目標執行人全面瞭解公司及各部門目標的相互關係，加強相互協調，在各級目標確定之後，應統一編制公司目標一覽表和各部門編制本部門目標一覽表。除目標項目只要求寫明項目名稱外，其他填寫標準可參照目標計劃單的填寫標準。

目標計劃一覽表(一)

部門	目標項目	重要性(%)	完成標准	預定進度(數量、金額或百分比)								工作條件或要求配合事項
				日期	1月	2月	3月	…	10月	11月	12月	
部門 1				本月累計								
部門 2				本月累計								
部門 3				本月累計								
部門 4				本月累計								
部門 5				本月累計								

目標計劃一覽表(二)

員工	目標項目	重要性(%)	完成標准	預定進度(數量、金額或百分比)								工作條件或要求配合事項
				日期	1月	2月	3月	…	10月	11月	12月	
員工 1				本月累計								
員工 2				本月累計								
員工 3				本月累計								
員工 4				本月累計								
員工 5				本月累計								

3 銷售部門目標實施的管理與控制

一、目標追蹤項目

一般來說，銷售部門的目標追蹤單應具備如下內容。

1.「目標項目」、「重要性」、「工作計劃」三項的填寫，可參照目標協議書和目標計劃單。

2.「執行情形」：爲實現目標實際工作情況和實現結果。

3.「本期預計」、「預計累計」均應根據目標計劃單相應項目填寫。

4.「本期實際」、「實際累計」均應根據實際完成進度填寫。

5.「本期差異」填寫「本期預計」和「本期實際」的相差值。「差異累計」填寫「預計累計」與「實際累計」的相差值。

6.無論進度是落後還是超前都要在「自我考評」欄中「差異原因」填入導致差異的可能原因。如執行進度落後則在「改進方法建議」欄中填入可能方法；如執行進度超前，則把超前的經驗和可能借鑒方式填入此欄。

通常，部門負責人及以上人員簽訂目標追蹤單應一式兩份，經上級主管核定簽字後，一份自存，一份送辦公室存檔備查。每位員工填寫目標追蹤單一式三份，經目標執行人及上級主管核定簽字後，一份自存，一份由部門保存，一份送辦公室存檔備查。

二、目標執行中各種問題的處理

目標執行進度落後或執行發生困難時，應根據該項問題的嚴重程度與影響大小，進行酌情處理。

1.該問題僅屬個別問題，不影響公司目標或部門目標的完成時，由目標執行人與直接主管商定解決，並將處理意見及處理情況填入目標追蹤單。

2.該問題影響公司目標或部門目標的完成時，由直接主管協調有關部門商定解決或上報公司工作會議或部門工作會議協商解決，並填寫目標執行困難報告單。目標執行困難報告單內容有：

⑴「目標項目」、「重要性」、「工作計劃」根據目標計劃單填寫。

⑵「執行情況」根據目標追蹤單填寫。

⑶「困難問題」：指目標執行人認爲阻礙目標完成的因素。

⑷「擬採取措施」：是目標執行人建議爲完成目標而應採取的措施。

⑸直接主管協調有關部門商定或上報公司工作會議或部門工作會議協商的解決方案填入「商定能夠補救措施」欄中。

⑹目標執行困難單一式兩份，目標執行人及其上級主管核定簽字後，一份自存，一份由部門主管保存。

3.由於客觀環境因素影響而使目標執行發生困難，無法解決時，可由目標執行人提出修訂目標申請書，經上級主管核准後，對目標計劃單及目標追蹤單進行修改。修訂目標申請書內容有：

⑴「原訂目標」、「原訂工作計劃」、「原訂進度」均根據項目計劃單填寫。

⑵「修訂目標」、「修正工作計劃」、「修正進度」根據修正後的結果填寫。

⑶修訂目標申請書一式三份，經日標執行人及上級主管核定簽字後，一份自存，一份由部門主管保存，一份送辦公室存檔備查。

因故調動人員後，各層級目標執行人應在目標追蹤單上注明，由繼任人員繼續完成目標工作；如因缺員，無人繼任時，原目標執行人在離任時應提出修訂目標申請書，相應目標工作應由部門主管重新分配、調整，以保證目標的順利完成。

企業在實施目標管理時，公司目標和部門目標每年應分上下兩期(每半年一期)做一次核查。上期的檢查僅就該年前六個月的實際執行進度填報；下期的檢查則應就該年的兩期實際執行進度填報。兩期的檢查結果填入目標追蹤單，呈報本公司每半年一次的業務會議，進行綜合檢查評核，商討改進策略。

三、目標管理與績效考核的關係

目標管理與績效考核在指標體系上應保持一致，從深層次上講，目標管理是績效考核的前提，不制定目標，考核就無從談起。績效考核又是目標管理的結果，同時起著推進目標管理實施的作用。因此，績效考核在指標設定和考核方法上，要注意同目標管理保持連貫性。將目標管理與考核結合在一起，按照既定的目標進行工作，分階段實施考核計劃，按期檢查目標管理各項目標的完成情況，並按照不同層次不同時段（一般基層每季、中高層每年）按薪酬制度進行獎懲，這是一個相互連貫的管理鏈。

4 企業目標體系設計案例

1.市場總監目標分解表

編號	目標項目	指標內容	所需達到的目標指標
1	信息指標	年信息準確率	達到___%以上
		信息分析	領導滿意度評價達到___%以上
		信息報告及時率	達到___%以上
2	市場開發指標	年中標項目	達到___個以上
		年中標額	達到___萬元以上
		中標額增長率	達到___%以上
3	招標指標	分銷商招標計劃完成率	達到___%以上
		年分銷額	達到___萬元以上
4	綜合指標	企業總體發展規模目標	
		信息化系統建設目標	
		企業文化建設目標	

2.運營總監目標分解表

編號	目標項目	指標內容	所需達到的目標指標
1	戰略指標	中長期發展戰略規劃實現率	達到___%以上
		年經營計劃完成率	達到___%以上
		目標管理計劃完成率	達到___%以上
2	採購指標	採購計劃完成率	達到___%以上
		採購成本	控制在___萬元以內
		採購成本與預算比率	降低___%以左右
3	銷售指標	年公司總銷售額	達到___萬元以上
		銷售成本	控制在___萬元以內
		年銷售額增長率	達到___%以上
4	綜合指標	企業總體發展規模目標	
		企業文化建設目標	

3.技術總監目標分解表

編號	目標項目	指標內容	所需達到的目標指標
1	技術品質指標	銷售商品技術品質合格率	達到___%以上
		技術品質合格率的提高率	達到___%以上
		品質體系認證	通過認證和復審
2	客戶服務指標	大客戶滿意度	達到___%以上
		客戶總體滿意度	達到___%以上
		客戶總體投訴率	控制在___%以內
3	綜合指標	企業發展規模指標	
		信息化系統建設目標	
		企業文化建設目標	

4. 投標部目標分解表

編號	目標項目	指標內容	所需達到的目標指標
1	市場開發活動組織	年舉辦次數	每年達到___次以上
		活動效果評估	上級滿意度評價在___%以上
2	投標組織	年中標項目	達到___個以上
		年中標額	達到___萬元以上
		中標額增長率	達到___%以上
		中標新項目	達到___個以上
3	中標合約評審與簽訂	簽訂合約違規現象	控制在___%以下
		年合約糾紛	控制在___%以下
		合約糾紛勝訴率	達到___%以上

5. 招標部目標分解表

編號	目標項目	指標內容	所需達到的目標指標
1	招標項目確定指標	招標項目確定正確性	上級滿意度評價達到___%以上
		招標標的合格性	上級滿意度評價達到___%以上
2	招標管理指標	分銷商招標計劃完成率	達到___%以上
		中標單位資質合格率	達到___%以上
		年分銷額	達到___萬元以上
3	招標合約評審與簽訂指標	簽訂合約違規現象	控制在___%以下
		年合約糾紛	控制在___%以下
		合約糾紛勝訴率	達到___%以上

6. 信息部目標分解表

編號	目標項目	指標內容	所需達到的目標指標
1	信息指標	年信息準確率	達到___%以上
		信息分析	上級滿意度評價達到___%以上
		信息報告編制	___份/月
2	信息化系統管理指標	信息化系統規劃完成率	達到___%以上
		局域網年完好率	達到___天/年以上
		公司網站年正常運行率	達到___天/年以上
3	辦公自動化系統管理指標	硬體完好率	達到___%以上
		軟體完好率	達到___%以上
		年影響正常辦公率	控制在___天/年以下

7. 銷售管理部目標分解表

編號	目標項目	指標內容	所需達到的目標指標
1	銷售計劃指標	年銷售計劃完成率	達到___%以上
		階段銷售計劃完成率	達到___%以上
2	銷售額指標	年總銷售額	達到___萬元以上
		銷售額增長率	達到___%以上
3	銷售成本指標	年總銷售成本	控制在___萬元以下
		銷售成本與預算降低率	達到___%以上
4	分銷商管理指標	分銷商合約履約率	達到___%以上
		分銷商銷售額	達到___萬元以上
		分銷商銷售違規處理率	達到___%以上

8. 企劃部目標分解表

編號	目標項目	指標內容	所需達到的目標指標
1	品牌管理指標	品牌設計	上級滿意度評價達到___%以上
		品牌維護	品牌維權處理率達到___%以上
2	廣告宣傳指標	廣告宣傳違法違規率	控制在___%以下
		廣告宣傳評價	上級滿意度評價達到___%以上
3	市場與公關活動組織指標	活動組織次數	不少___於次/年
		活動效果評估	上級滿意度評價達到___%以上
4	企業文化建設指標	企業文化目標實現率	達到___%以上
		企業文化評價	上級滿意度評價達到___%以上

9. 客戶服務部目標分解表

編號	目標項目	指標內容	所需達到的目標指標
1	客戶服務標準	客戶服務標準執行率	達到___%以上
		客戶服務標準修訂	___次/年
2	客戶服務	大客戶滿意度	達到___%以上
		綜合客戶滿意度	達到___%以上
3	客戶投訴	客戶總體投訴下降率	達到___%以上
		客戶投訴處理率	達到___%以上

10.人力資源部目標分解表

編號	目標項目	指標內容	所需達到的目標指標
1	員工招聘	按計劃完成率	達到___%以上
		試用合格率	達到___%以上
2	員工管理	員工流失率	控制在___%至___%之間
		員工文化結構改善	大本以上員工達到___%以上
3	員工培訓	高中層培訓	達到___小時/年以上
		普通員工培訓	達到___小時/年以上
4	員工考核	績效考核覆蓋率	達到___%以上
		績效考核評價	上級和員工滿意度評價達到___%以上

11.銷售分公司銷售處目標分解表

編號	目標項目	指標內容	所需達到的目標指標
1	銷售計劃	銷售計劃完成率	達到___%以上
2	銷售額	年總銷售額	達到___萬元以上
		銷售額增長率	達到___%以上
3	銷售成本	年總銷售成本	控制在___萬元以下
		銷售成本與預算降低率	達到___%以上
4	賒銷管理	銷售回款率	達到___%以上

12.投訴處理科目標分解表

編號	目標項目	指標內容	所需達到的目標指標
1	投訴處理	投訴本分公司內處理率	達到____%以上
		上報公司總部處理率	控制在____%以下
2	投訴處理效果	領導評價	滿意度評價達到____%以上
		客戶評價	滿意度評價達到____%以上
3	投訴熱線電話	熱線電話完好率	達到____天/年以上
		客戶評價	滿意度評價達到____%以上

心得欄

85	生產管理制度化	360 元	141	責任	360 元
86	企劃管理制度化	360 元	142	企業接棒人	360 元
88	電話推銷培訓教材	360 元	144	企業的外包操作管理	360 元
90	授權技巧	360 元	145	主管的時間管理	360 元
91	汽車販賣技巧大公開	360 元	146	主管階層績效考核手冊	360 元
92	督促員工注重細節	360 元	147	六步打造績效考核體系	360 元
94	人事經理操作手冊	360 元	148	六步打造培訓體系	360 元
97	企業收款管理	360 元	149	展覽會行銷技巧	360 元
98	主管的會議管理手冊	360 元	150	企業流程管理技巧	360 元
100	幹部決定執行力	360 元	152	向西點軍校學管理	360 元
106	提升領導力培訓遊戲	360 元	153	全面降低企業成本	360 元
112	員工招聘技巧	360 元	154	領導你的成功團隊	360 元
113	員工績效考核技巧	360 元	155	頂尖傳銷術	360 元
114	職位分析與工作設計	360 元	156	傳銷話術的奧妙	360 元
116	新產品開發與銷售	400 元	159	各部門年度計劃工作	360 元
122	熱愛工作	360 元	160	各部門編制預算工作	360 元
124	客戶無法拒絕的成交技巧	360 元	163	只爲成功找方法，不爲失敗找藉口	360 元
125	部門經營計劃工作	360 元			
127	如何建立企業識別系統	360 元	167	網路商店管理手冊	360 元
128	企業如何辭退員工	360 元	168	生氣不如爭氣	360 元
129	邁克爾・波特的戰略智慧	360 元	170	模仿就能成功	350 元
130	如何制定企業經營戰略	360 元	171	行銷部流程規範化管理	360 元
131	會員制行銷技巧	360 元	172	生產部流程規範化管理	360 元
132	有效解決問題的溝通技巧	360 元	173	財務部流程規範化管理	360 元
133	總務部門重點工作	360 元	174	行政部流程規範化管理	360 元
135	成敗關鍵的談判技巧	360 元	176	每天進步一點點	350 元
137	生產部門、行銷部門績效考核手冊	360 元	177	易經如何運用在經營管理	350 元
			178	如何提高市場佔有率	360 元
138	管理部門績效考核手冊	360 元	180	業務員疑難雜症與對策	360 元
139	行銷機能診斷	360 元	181	速度是贏利關鍵	360 元
140	企業如何節流	360 元	182	如何改善企業組織績效	360 元

183	如何識別人才	360 元
184	找方法解決問題	360 元
185	不景氣時期，如何降低成本	360 元
186	營業管理疑難雜症與對策	360 元
187	廠商掌握零售賣場的竅門	360 元
188	推銷之神傳世技巧	360 元
189	企業經營案例解析	360 元
191	豐田汽車管理模式	360 元
192	企業執行力（技巧篇）	360 元
193	領導魅力	360 元
194	注重細節（增訂四版）	360 元
197	部門主管手冊（增訂四版）	360 元
198	銷售說服技巧	360 元
199	促銷工具疑難雜症與對策	360 元
200	如何推動目標管理（第三版）	390 元
201	網路行銷技巧	360 元
202	企業併購案例精華	360 元
204	客戶服務部工作流程	360 元
205	總經理如何經營公司（增訂二版）	360 元
206	如何鞏固客戶（增訂二版）	360 元
207	確保新產品開發成功（增訂三版）	360 元
208	經濟大崩潰	360 元
209	鋪貨管理技巧	360 元
210	商業計劃書撰寫實務	360 元
212	客戶抱怨處理手冊（增訂二版）	360 元
214	售後服務處理手冊（增訂三版）	360 元
215	行銷計劃書的撰寫與執行	360 元
216	內部控制實務與案例	360 元
217	透視財務分析內幕	360 元
219	總經理如何管理公司	360 元
222	確保新產品銷售成功	360 元
223	品牌成功關鍵步驟	360 元
224	客戶服務部門績效量化指標	360 元
226	商業網站成功密碼	360 元
227	人力資源部流程規範化管理（增訂二版）	360 元
228	經營分析	360 元
229	產品經理手冊	360 元
230	診斷改善你的企業	360 元
231	經銷商管理手冊（增訂三版）	360 元
232	電子郵件成功技巧	360 元
233	喬·吉拉德銷售成功術	360 元
234	銷售通路管理實務〈增訂二版〉	360 元
235	求職面試一定成功	360 元
236	客戶管理操作實務〈增訂二版〉	360 元
237	總經理如何領導成功團隊	360 元
238	總經理如何熟悉財務控制	360 元
239	總經理如何靈活調動資金	360 元
240	有趣的生活經濟學	360 元
241	業務員經營轄區市場（增訂二版）	360 元
242	搜索引擎行銷	360 元
243	如何推動利潤中心制度（增訂二版）	360 元
244	經營智慧	360 元
245	企業危機應對實戰技巧	360 元
246	行銷總監工作指引	360 元
247	行銷總監實戰案例	360 元
248	企業戰略執行手冊	360 元
249	大客戶搖錢樹	360 元

250	企業經營計畫〈增訂二版〉	360 元
251	績效考核手冊	360 元
252	營業管理實務〈增訂二版〉	360 元
253	銷售部門績效考核量化指標	360 元

《商店叢書》

4	餐飲業操作手冊	390 元
5	店員販賣技巧	360 元
9	店長如何提升業績	360 元
10	賣場管理	360 元
11	連鎖業物流中心實務	360 元
12	餐飲業標準化手冊	360 元
13	服飾店經營技巧	360 元
14	如何架設連鎖總部	360 元
18	店員推銷技巧	360 元
19	小本開店術	360 元
20	365 天賣場節慶促銷	360 元
21	連鎖業特許手冊	360 元
23	店員操作手冊（增訂版）	360 元
25	如何撰寫連鎖業營運手冊	360 元
26	向肯德基學習連鎖經營	350 元
29	店員工作規範	360 元
30	特許連鎖業經營技巧	360 元
32	連鎖店操作手冊（增訂三版）	360 元
33	開店創業手冊〈增訂二版〉	360 元
34	如何開創連鎖體系〈增訂二版〉	360 元
35	商店標準操作流程	360 元
36	商店導購口才專業培訓	360 元
37	速食店操作手冊〈增訂二版〉	360 元
38	網路商店創業手冊〈增訂二版〉	360 元
39	店長操作手冊（增訂四版）	360 元
40	商店診斷實務	360 元

《工廠叢書》

1	生產作業標準流程	380 元
5	品質管理標準流程	380 元
6	企業管理標準化教材	380 元
9	ISO 9000 管理實戰案例	380 元
10	生產管理制度化	360 元
11	ISO 認證必備手冊	380 元
12	生產設備管理	380 元
13	品管員操作手冊	380 元
15	工廠設備維護手冊	380 元
16	品管圈活動指南	380 元
17	品管圈推動實務	380 元
20	如何推動提案制度	380 元
24	六西格瑪管理手冊	380 元
29	如何控制不良品	380 元
30	生產績效診斷與評估	380 元
31	生產訂單管理步驟	380 元
32	如何藉助 IE 提升業績	380 元
35	目視管理案例大全	380 元
38	目視管理操作技巧(增訂二版)	380 元
39	如何管理倉庫（增訂四版）	380 元
40	商品管理流程控制(增訂二版)	380 元
42	物料管理控制實務	380 元
43	工廠崗位績效考核實施細則	380 元
46	降低生產成本	380 元
47	物流配送績效管理	380 元
49	6S 管理必備手冊	380 元
50	品管部經理操作規範	380 元

51	透視流程改善技巧	380 元
55	企業標準化的創建與推動	380 元
56	精細化生產管理	380 元
57	品質管制手法〈增訂二版〉	380 元
58	如何改善生產績效〈增訂二版〉	380 元
59	部門績效考核的量化管理〈增訂三版〉	380 元
60	工廠管理標準作業流程	380 元
61	採購管理實務〈增訂三版〉	380 元
62	採購管理工作細則	380 元
63	生產主管操作手冊(增訂四版)	380 元
64	生產現場管理實戰案例〈增訂二版〉	380 元
65	如何推動 5S 管理（增訂四版）	380 元

《醫學保健叢書》

1	9 週加強免疫能力	320 元
2	維生素如何保護身體	320 元
3	如何克服失眠	320 元
4	美麗肌膚有妙方	320 元
5	減肥瘦身一定成功	360 元
6	輕鬆懷孕手冊	360 元
7	育兒保健手冊	360 元
8	輕鬆坐月子	360 元
9	生男生女有技巧	360 元
10	如何排除體內毒素	360 元
11	排毒養生方法	360 元
12	淨化血液　強化血管	360 元
13	排除體內毒素	360 元
14	排除便秘困擾	360 元
15	維生素保健全書	360 元
16	腎臟病患者的治療與保健	360 元
17	肝病患者的治療與保健	360 元
18	糖尿病患者的治療與保健	360 元
19	高血壓患者的治療與保健	360 元
21	拒絕三高	360 元
22	給老爸老媽的保健全書	360 元
23	如何降低高血壓	360 元
24	如何治療糖尿病	360 元
25	如何降低膽固醇	360 元
26	人體器官使用說明書	360 元
27	這樣喝水最健康	360 元
28	輕鬆排毒方法	360 元
29	中醫養生手冊	360 元
30	孕婦手冊	360 元
31	育兒手冊	360 元
32	幾千年的中醫養生方法	360 元
33	免疫力提升全書	360 元
34	糖尿病治療全書	360 元
35	活到 120 歲的飲食方法	360 元
36	7 天克服便秘	360 元
37	為長壽做準備	360 元

《幼兒培育叢書》

1	如何培育傑出子女	360 元
2	培育財富子女	360 元
3	如何激發孩子的學習潛能	360 元
4	鼓勵孩子	360 元
5	別溺愛孩子	360 元

6	孩子考第一名	360 元
7	父母要如何與孩子溝通	360 元
8	父母要如何培養孩子的好習慣	360 元
9	父母要如何激發孩子學習潛能	360 元
10	如何讓孩子變得堅強自信	360 元

《成功叢書》

1	猶太富翁經商智慧	360 元
2	致富鑽石法則	360 元
3	發現財富密碼	360 元

《企業傳記叢書》

1	零售巨人沃爾瑪	360 元
2	大型企業失敗啓示錄	360 元
3	企業併購始祖洛克菲勒	360 元
4	透視戴爾經營技巧	360 元
5	亞馬遜網路書店傳奇	360 元
6	動物智慧的企業競爭啓示	320 元
7	CEO 拯救企業	360 元
8	世界首富　宜家王國	360 元
9	航空巨人波音傳奇	360 元
10	傳媒併購大亨	360 元

《智慧叢書》

1	禪的智慧	360 元
2	生活禪	360 元
3	易經的智慧	360 元
4	禪的管理大智慧	360 元
5	改變命運的人生智慧	360 元
6	如何吸取中庸智慧	360 元
7	如何吸取老子智慧	360 元
8	如何吸取易經智慧	360 元

9	經濟大崩潰	360 元
10	有趣的生活經濟學	360 元

《DIY 叢書》

1	居家節約竅門 DIY	360 元
2	愛護汽車 DIY	360 元
3	現代居家風水 DIY	360 元
4	居家收納整理 DIY	360 元
5	廚房竅門 DIY	360 元
6	家庭裝修 DIY	360 元
7	省油大作戰	360 元

《傳銷叢書》

4	傳銷致富	360 元
5	傳銷培訓課程	360 元
7	快速建立傳銷團隊	360 元
9	如何運作傳銷分享會	360 元
10	頂尖傳銷術	360 元
11	傳銷話術的奧妙	360 元
12	現在輪到你成功	350 元
13	鑽石傳銷商培訓手冊	350 元
14	傳銷皇帝的激勵技巧	360 元
15	傳銷皇帝的溝通技巧	360 元
16	傳銷成功技巧（增訂三版）	360 元
17	傳銷領袖	360 元

《財務管理叢書》

1	如何編制部門年度預算	360 元
2	財務查帳技巧	360 元
3	財務經理手冊	360 元
4	財務診斷技巧	360 元
5	內部控制實務	360 元
6	財務管理制度化	360 元

8	財務部流程規範化管理	360 元
9	如何推動利潤中心制度	360 元

《培訓叢書》

4	領導人才培訓遊戲	360 元
8	提升領導力培訓遊戲	360 元
11	培訓師的現場培訓技巧	360 元
12	培訓師的演講技巧	360 元
14	解決問題能力的培訓技巧	360 元
15	戶外培訓活動實施技巧	360 元
16	提升團隊精神的培訓遊戲	360 元
17	針對部門主管的培訓遊戲	360 元
18	培訓師手冊	360 元
19	企業培訓遊戲大全（增訂二版）	360 元
20	銷售部門培訓遊戲	360 元
21	培訓部門經理操作手冊（增訂三版）	360 元

為方便讀者選購，本公司將一部分上述圖書又加以專門分類如下：

《企業制度叢書》

1	行銷管理制度化	360 元
2	財務管理制度化	360 元
3	人事管理制度化	360 元
4	總務管理制度化	360 元
5	生產管理制度化	360 元
6	企劃管理制度化	360 元

《主管叢書》

1	部門主管手冊	360 元
2	總經理行動手冊	360 元
4	生產主管操作手冊	380 元
5	店長操作手冊（增訂版）	360 元
6	財務經理手冊	360 元
7	人事經理操作手冊	360 元
8	行銷總監工作指引	360 元
9	行銷總監實戰案例	360 元

《總經理叢書》

1	總經理如何經營公司(增訂二版)	360 元
2	總經理如何管理公司	360 元
3	總經理如何領導成功團隊	360 元
4	總經理如何熟悉財務控制	360 元
5	總經理如何靈活調動資金	360 元

《人事管理叢書》

1	人事管理制度化	360 元
2	人事經理操作手冊	360 元
3	員工招聘技巧	360 元
4	員工績效考核技巧	360 元
5	職位分析與工作設計	360 元
6	企業如何辭退員工	360 元
7	總務部門重點工作	360 元
8	如何識別人才	360 元
9	人力資源部流程規範化管理（增訂二版）	360 元

《理財叢書》

1	巴菲特股票投資忠告	360 元
2	受益一生的投資理財	360 元
3	終身理財計劃	360 元
4	如何投資黃金	360 元
5	巴菲特投資必贏技巧	360 元
6	投資基金賺錢方法	360 元
7	索羅斯的基金投資必贏忠告	360 元
8	巴菲特為何投資比亞迪	360 元

《網路行銷叢書》

1	網路商店創業手冊〈增訂二版〉	360 元
2	網路商店管理手冊	360 元
3	網路行銷技巧	360 元
4	商業網站成功密碼	360 元
5	電子郵件成功技巧	360 元
6	搜索引擎行銷	360 元

《經濟計畫叢書》

1	企業經營計劃	360 元
2	各部門年度計劃工作	360 元
3	各部門編制預算工作	360 元
4	經營分析	360 元
5	企業戰略執行手冊	360 元

《經濟叢書》

1	經濟大崩潰	360 元
2	石油戰爭揭秘(即將出版)	

回饋讀者，免費贈送**《環球企業內幕報導》**電子報，請將你的姓名，發 e-mail 告訴我們 huang2838@yahoo.com.tw 即可。

經營顧問叢書 ㉕③　　售價：360 元

銷售部門績效考核量化指標

西元二〇一一年一月　　初版一刷

編輯指導：黃憲仁

編著：張洛城（臺北）　秦海峰（武漢）

策劃：麥可國際出版有限公司（新加坡）

編輯：蕭玲

校對：焦俊華

發行所：憲業企管顧問有限公司

電話：(02) 2762-2241　(03) 9310960　0930872873

臺北聯絡處：臺北郵政信箱第 36 之 1100 號

銀行 ATM 轉帳：合作金庫銀行　帳號：**5034-717-347447**

郵政劃撥：**18410591　憲業企管顧問有限公司**

登記證：行政業新聞局版台業字第 6380 號

ISBN：978-986-6421-85-3